59

新知
文库

XINZHI

Dark Banquet:
Blood and the
Curious Lives of
Blood-Feeding
Creatures

U0241446

黑色盛宴

嗜血动物的奇异生活

［美］比尔·舒特 著

帕特里夏·J.温 绘图　赵越 译

生活·讀書·新知 三联书店

图书在版编目（CIP）数据

黑色盛宴：嗜血动物的奇异生活／（美）舒特著；（美）温绘图；赵越译. —北京：生活·读书·新知三联书店，2015.10　（2018.6 重印）
（新知文库）
ISBN 978 - 7 - 108 - 05415 - 9

Ⅰ．①黑…　Ⅱ．①舒…②温…③赵…　Ⅲ．①动物－普及读物
Ⅳ．① Q95-49

中国版本图书馆 CIP 数据核字（2015）第 157199 号

责任编辑　曹明明
装帧设计　陆智昌　康　健
责任印制　徐　方
出版发行　生活·讀書·新知 三联书店
　　　　　（北京市东城区美术馆东街 22 号 100010）
网　　址　www.sdxjpc.com
经　　销　新华书店
图　　字　01 - 2015 - 5553
印　　刷　北京隆昌伟业印刷有限公司
版　　次　2015 年 10 月北京第 1 版
　　　　　2018 年 6 月北京第 2 次印刷
开　　本　635 毫米 × 965 毫米　1/16　印张 17
字　　数　200 千字　图 54 幅
印　　数　08,001 - 13,000 册
定　　价　36.00 元
（印装查询：01064002715；邮购查询：01084010542）

新知文库

出版说明

　　在今天三联书店的前身——生活书店、读书出版社和新知书店的出版史上，介绍新知识和新观念的图书曾占有很大比重。熟悉三联的读者也都会记得，20世纪80年代后期，我们曾以"新知文库"的名义，出版过一批译介西方现代人文社会科学知识的图书。今年是生活·读书·新知三联书店恢复独立建制20周年，我们再次推出"新知文库"，正是为了接续这一传统。

　　近半个世纪以来，无论在自然科学方面，还是在人文社会科学方面，知识都在以前所未有的速度更新。涉及自然环境、社会文化等领域的新发现、新探索和新成果层出不穷，并以同样前所未有的深度和广度影响人类的社会和生活。了解这种知识成果的内容，思考其与我们生活的关系，固然是明了社会变迁趋势的必需，但更为重要的，乃是通过知识演进的背景和过程，领悟和体会隐藏其中的理性精神和科学规律。

　　"新知文库"拟选编一些介绍人文社会科学和自然科学新知识及其如何被发现和传播的图书，陆续出版。希望读者能在愉悦的阅读中获取新知，开阔视野，启迪思维，激发好奇心和想象力。

生活·讀書·新知 三联书店

2006年3月

献给玛丽·格蕾丝·舒特和威廉·舒特
还有我的罗丝阿姨们

目　录

2　前　言

老鸡无所依

11　第一章　沃勒菲尔德见闻

28　第二章　黑夜之子

52　第三章　有人想喝饮料吗?

让血流淌

87　第四章　80盎司血

103　第五章　红色的家伙

126　第六章　美好的友情

臭虫和更厉害的家伙

159　第七章　与敌共枕眠

197　第八章　螨类和人类

233　第九章　牙签鱼:名副其实地把韵押在了P上

246   第十章   谋生路艰辛

254   参考文献
258   致   谢

黑色盛宴

　　我知道，我们已故的国王，虽然不像他的邻居们那样坚信，但也毫不怀疑吸血鬼的存在以及它们在死者身上举办的宴会。

——霍勒斯·沃波尔（Horace Walpole）在关于
国王乔治二世信仰的研究报告中如此评述

血，就是生命。

——《申命记》12:23

前　言

2002年。

两只鸡在葡萄柚树下的泥地上神经兮兮地刨着，小心避开凝结的一小摊血迹。

"昨晚发生的。"我身后的一个声音响起。我的向导和现场助理，"大块头"阿莫斯·约翰逊，任职于特立尼达农业部狂犬病毒控制部门。我不得不吐槽，早年间他之所以得了"大块头"这个绰号，实在是因为对于他来说，唯一能胜过吃这件事的就是谈论吃。但现在他略微有了一点儿转变。

"夜晚新鲜的血液会发亮。"

我点头，试图判断这些可怜的鸡当中的某一只昨夜是否已被放血。也许某只鸡的腿上有血斑。

这是我第三次来特立尼达，我每次来都是为着同一个原因：研究吸血蝙蝠，一类现存哺乳动物中最具高度特化的蝙蝠。在翼手目的排名里，专吸血的蝙蝠只占非常小的一部分（1100种蝙蝠中只有3种）。在这个小圈子里，白翼吸血蝠（*Diaemus youngi*）是相当特殊的，它远比普通吸血蝠（*Desmodus rotundus*）这种最常见的吸血

　　　　　　　　　　　　　黑色盛宴

蝙蝠更稀有。它是栖息在树上的猎手——主要吸食鸟类的血液，目前已知几乎仅以家禽的血液来维持生存。这对它们来说没有什么奇怪的，毕竟人类和家畜的到来使普通吸血蝠的数量暴增。但白翼吸血蝠是如何狩猎的，这一点吸引着我。

在康奈尔大学观察这些奇异的动物时，我注意到了一些非同寻常的现象。吸血蝙蝠以一种相当大胆的方式在饲养场的地板上像蜘蛛一样爬行，接近一只胖墩墩的母鸡。母鸡歪着头，注视着蝙蝠。它的喙能狠狠地啄伤甚至杀死蝙蝠，但我打算制止这件事。这时一只吸血蝙蝠在母鸡能啄到的范围外几英寸的地方停了下来，而其他的继续匍匐前进。然后，令人惊讶的是，蝙蝠用鼻子轻蹭母鸡毛茸茸的胸部。母鸡微微放松了下来，不再那么警惕。然后吸血蝙蝠探入到一个叫做抱卵点的皮肤敏感带，此处血管密集，小鸡会来这里取暖。我看到母鸡抖了抖羽毛，蹲趴下来，最后闭上了眼睛。

上帝啊，这些蝙蝠已然学会模仿小鸡了！

更引人注意的是，模仿小鸡这种行为极有可能不是千百年来写在吸血蝙蝠遗传基因中的本能反应。这一定是从来到此地的欧洲人和他们的家禽那里学来的。蝙蝠妈妈会把这些技能传授给蝙蝠宝宝吗？

我对这惊人、残忍的策略（及其背后的启示）是如此沉迷，以至于一直未注意到第二只吸血蝙蝠消失在被蒙蔽的母鸡的尾羽下，直到几分钟后母鸡身后出现了一条细细的血流时才发现。透过黑暗的场地，我看到血流汇成一个小水坑，它如红色金属片般发亮。

"我们得把这些竖起来。""大块头"说着把我推到一根大约3米长的竹子的一端。

我们在特立尼达中部人烟稀少的瓜伊科—塔马纳（Guaico Tamana）做研究（其实就是搭一张约10米长的尼龙网）。一大清早，在穿过了几个正在熟睡的小镇之后，"大块头"的吉普车咔嗒嗒地挂了低挡拐上了主干道。

巴萨万小路（Basawan Trace）与其说是条马路不如说是条小径，狭窄、曲折，坑洼遍地。我们的车子上下颠簸，"大块头"播放的索卡音乐（soca music）穿透了八月潮湿的空气。吉普车为了避免轧扁三只落在路上的油鸱（oilbirds），只减速了一次。我知道这种奇异的生物依靠回声定位，在它们栖息的黑暗洞穴里飞行。特立尼达的早期住民以它们那富含油脂的脂肪（特别适合做油灯）来给它们命名。现在它们可以算得上是个"景点"，也是每年造访特立尼达的上千名猎鸟者的"百鸟录"上又一个标记。

在繁茂的树林里我几乎没有看到人类居住的迹象，"大块头"最终把车停在了两间普通板房旁。灌木丛中开辟了几块地，院子里散放着旧轮胎、工具和生锈的农具。房子的主人是莱诺·拉腊（Leno Lara）和马拉·鲍里斯（Mara Boris），以及他们的妻子和孩子。这是一个由十人组成的友好大家庭。拉腊家里的电视虽然开着，但"大块头"告诉我，他们既没有自来水也没有电，电视消耗的是发电机的电量。

每个人都好像知道我们前来的目的，孩子们聚在周围看我们围着果实累累的葡萄柚树支起杆子和雾网[1]。"大块头"的经验告诉他，家鸡和珍珠鸡每晚都会攀上这棵特别的树，栖息在树枝上，以躲避野猫和其他地面捕食者。但是现在这些鸡在夜晚会被同一种生物咬伤，从同样的伤口流血，这使它们饱受折磨，直到虚弱地从树上坠

---

[1] 专门用于捕鸟和蝙蝠的网，网眼很小。——译者注

落。虽然吸血蝙蝠每晚只需进食约等于自身体重一半的血液（约一大汤匙），但它们唾液里的抗凝剂使被咬伤的动物在它们飞走后很长时间仍血流不止。这种坟墓般阴森的氛围使大部分人望而却步——特别是那些极不走运的醒来时发现倒在自己血泊中的人。

我和"大块头"完成工作后，被邀请到鲍里斯家小憩，喝几杯当地的热朗姆酒。热带地区的黄昏总是转瞬即逝，在明亮的阳光中设置好雾网的20分钟后，天已经黑得从我们所坐的薄金属雨篷下看不清那些树了。

我问鲍里斯先生吸血蝙蝠是否曾经咬过他们的猪或奶牛，他摇了摇头。"不过是运气好罢了。"他说，我点头表示同意。

与鸡不同，大多数家畜并不会因吸血蝙蝠吸血导致失血过多而死亡。一头半吨重的牛在失掉好几大汤匙的血之后才会倒下。但是在热带，一个开放性创口就像晚餐的铃声和迷雾夜晚中的指路明灯。对于成群结队奇丑无比的苍蝇、甲壳虫和蠕虫（更不必说种类繁多的微生物）来说，被吸血蝙蝠咬成草皮断片状的伤口简直是餐厅、卧室、厕所三位一体的多功能场所。这样的伤口对动物（或者它们的主人）来说可不是什么好兆头：传染、病毒和死亡将接踵而至。

然而，比滋生病菌的伤口更严重的是，被感染的吸血蝙蝠可导致潜在狂犬病毒传播。狂犬病毒是一种病毒性疾病，可逐步破坏哺乳动物的神经系统[①]。在通过吸血生物（如蚊子、跳蚤、蜱虫和舌蝇）传播的病毒中，狂犬病毒是唯一一种可经哺乳动物传播的恐怖病毒。对许多受害者来说狂犬病毒当然不是最致命的，结果也不是最荒谬的，然而一旦这声名狼藉的病毒症状出现——肌肉丧失功能

---

① 尚无事实证明蝙蝠会携带狂犬病毒，除非它们感染了这种病毒。

以及痴呆——将百分之百致死。吸血蝙蝠传播狂犬病毒在特立尼达历史上很可怕，1925～1935年就导致了89人和上千头家畜的死亡。1934年，特立尼达医务部设立了狂犬病毒控制部门。他们的部分工作是随时对吸血蝙蝠的攻击进行报告并采取措施，结果上千只吸血蝙蝠被网住并消灭。另外一些吸血蝙蝠则被全身涂满有毒的糊状物，当它们互相梳理毛皮的时候，就会在栖息处引发连锁的死亡反应。

此外，像"大块头"这样的工作人员会尽全力使受惊的、已产生恐惧的人们冷静下来。当地迷信认为有人类体形大小的吸血鬼（soucouyants）存在。据传它们是干瘪的老太婆，到了晚上会脱掉皮，呈火球状。为保护自己不受攻击，屋主会在门外撒一袋子大米。据说，吸血鬼在没有数清米粒之前是不会进屋的。

狂犬病毒防疫部门的人员，比如"大块头"的主管法鲁克·穆拉达利（Farouk Muradali），无视那些传说（我无法想象"大块头"竟浪费了那么多大米）。相反，他们强调在这个岛上的58种蝙蝠中只有两种吸血，一般来说，它们之中只有一种（普通吸血蝙蝠）是主要的狂犬病毒威胁者。

与屋主聊了约一个半小时后，我们检查了一下雾网。有一张网里捕获了一只果蝠［短尾叶口蝠（*Carollia*）］和一只小小的花蜜吸食者［长舌蝠（*Glossophaga*）］。查看第二张网，手电筒的光照到了三个黑色身影，它们比刚才发现的蝙蝠肌肉发达得多。我们接近的时候，它们正在网中挣扎、撕咬、尖叫。

"白翼吸血蝠！"我一边大叫一边套上厚皮手套。

"它们好像饿了，""大块头"回答道，"说到饿，我好像也有点儿……"

吸血蝙蝠被小心地从网子里取出来放入小棉口袋中，它们马上安静了下来。一周后它们作为白翼吸血蝠标本被送往新墨西哥州，在那儿它们将很快适应美国鸡血。蝙蝠的到来将引起小范围的媒体狂热（"罕见吸血鬼在荒凉小镇躲避追杀""吸血鬼落户新墨西哥州"），当这些俘虏中的某一只生下了雌性幼崽，几个月后此事将掀起新一轮热议——"吸血鬼诞生！"然后长岛的报纸《每日新闻》（*Newsday*）会公布为它起名大赛的结果，（继另一位著名的女性飞行员之后）吸血蝙蝠宝宝很可能会被叫做"阿梅莉亚"。

特立尼达湿润的夜色中，"大块头"和我又在外面待了一个小时。当一轮满月出现在天上，我们知道不会有更多的战利品了。众所周知，与其他种类的蝙蝠一样，吸血蝙蝠惧怕月光。

两小时后，我们在闹市区阿里马（Arima）一家通宵营业的肯

德基高仿店吃了顿鸡肉晚餐。

这似乎是个明智之举。

　　看到这里你可能会猜到，这是一本讲述吸血鬼以及它们赖以生存的食物的书①。你将会看到这样一些生物——水蛭、臭虫和白翼吸血蝠，这都不过是些小角色；而另外一些——跳蚤、恙螨，当然还有吸血蝠，则很可能是杀手级别的。它们携带并传播世上最致命的病毒——黑死病、恙虫病和狂犬病，还有一些广泛传播会使人衰竭的病毒，比如莱姆病和落基山斑疹热。即便它们不传播病毒，这些生物造成的恐惧也将会引发寄生虫妄想症——一种受害者坚称有微小的会咬人或吸血的东西在身体里爬的症状。在曾被臭虫侵扰或者整天对臭虫提心吊胆的人身上，这一现象屡见不鲜。

　　还有着实令人匪夷所思的食血动物——吸血的雀和蛾，当然还必须说到牙签鱼（candiru）——一种小小的亚马孙河鲇鱼，据报道，它们会顺着人类的尿道往上游，这使本地人和游客对它们的惧怕远胜于它们那同样臭名昭著的水中密友——水虎鱼（piranha）。

　　这就是吸血的家伙们——它们的故事，它们奇怪的吸血行为，以及它们对被当成食物的人类所产生的致命的影响。

　　这么说可能有点粗略，所以来杯红酒，这就开讲吧。

---

① 吸血鬼（vampires）也会被译为"嗜血动物"（sanguivorous）或"嗜血者"（hematophagous）。

老鸡无所依

　　药劲上来的时候，我们正在巴斯托附近某处沙漠的边缘。我记得我说了些"我有点头晕，也许该由你来开车……"之类的话。突然周围发出一声可怕的咆哮，天空遍布看起来像巨大蝙蝠的家伙，它们纷纷俯冲并尖叫着在车子周围盘旋，前后一个小时内跟随我们160多公里直到拉斯维加斯。"我的天！这都是些什么该死的玩意儿？"

——亨特·汤普森博士

第一章

沃勒菲尔德见闻

九年前。

废弃冰窖的天花板已经塌下来很久了，这个洞穴似的建筑物的地板就像撒满残骸的越障训练场。

"嘿，这儿黏糊糊的。"我一边说，一边小心翼翼地踏上杵在门道里覆盖黏液的大块不明物。

"可能只是石棉。"

我的妻子珍妮特是极好的助理，但是这地方让她深刻领会了何为毛骨悚然。

"对，不过是带了蝙蝠粪便的防护层。"我补充道，试图宽慰她，"过来瞧瞧。"

沃勒菲尔德位于特立尼达中北部，"二战"期间曾是美国海军在南大西洋的行动指挥中心。中心所在地成为《驱逐舰换基地协议》商讨的一部分，这个协议给疲于战事的丘吉尔政府带来了50艘超龄美国驱逐舰。这里一度是世界上最大最繁忙的空军基地。然而英国人一去不复返，美国佬也走人了（至少大部分）。现在的沃勒菲尔德就是个发展过快的废都，鳞次栉比的预制建筑不是被拆除就是被特立尼达中央草原的繁茂森林所改造再生，冰窖因其水泥的构造而成为为数不多的几个幸存建筑之一。在盘根错节的绿色植物覆盖的地幔下，突兀的白色冰窖属于蝙蝠——成千上万只蝙蝠。

在特立尼达农业部的协助下，我们在岛上差不多待了两个星期，收集吸血蝙蝠——而且进展出乎意料地顺利。因为太顺利了，所以当我们的朋友法鲁克提议去参观沃勒菲尔德的洞穴和有点声名狼藉的废址的时候，珍妮特和我一跃而起，加入了他的队伍①。

冰窖并不完全漆黑一片，日光通过一个窗框泻入，这窗框极有可能最近五十年都没装上过玻璃。光线倾斜地投射在地板上，照亮一个3米多高的水泥柱的柱墩。唯一活动着的是光柱中飞舞的灰尘。我们鱼贯穿过这灰尘，继续进入延伸的暗影中。这个房间相当大，大概有60米长，30米宽，我们花了足有五分钟才选了一条路穿越滑溜溜的碎石堆。

我们停在了一个看起来像是高高的门道的地方，这里通向一个略小的房间，约1.4平方米。但是我们没能进去，因为我们的同伴把胳膊一横，在我们进入之前阻止了我们。

"你别想去那里，年轻人。"这印度—特立尼达口音来自法鲁克，他是地方政府狂犬病防疫部门的负责人。在所有关于特立尼达蝙蝠的事情上，法鲁克都是我的良师，他也是我在吸血蝙蝠四足移动研究项目的搭档。

"为什么，法鲁克？"我问，同时和珍妮特一起点亮了头灯。

"那不是个房间。"他说。

---

① 也许正因为地处偏僻，这些绝对令人毛骨悚然的地点（美国海军所指的即沃勒菲尔德）总是与大量严重的犯罪有关。任何情况下都不建议夜晚或单独进入废址。

当我把头灯的光线射入那里，不禁注意到地板上有诡异的反光。"那是？"

"那是个电梯井。"

"是什么？"珍妮特站在我身边问道。

我把一小块碎石踢过去，石头"扑通"一声竟穿过了黑暗的表面。"天哪，这儿灌满了水！"

珍妮特侧着靠过来，来自她头灯的光线聚成的点刚好越过门道。"那不是水。"她说。

电梯井的"地板"是一片布满碎片残骸的沼泽。确切地说，这里充斥着某种肮脏的黑色油质液体，珍妮特是对的——那当然不是什么水[①]。

散布在这阴暗物质表面的是破烂黑污的天花板碎块，还有过去五十年间被丢弃的各种无法辨别的残渣。对我来说最恐怖的，是它们看起来简直就像我们刚刚还站着的丢满碎石的水泥地板。

"以前有个团队来这儿看蝙蝠，其中一个女的意外失踪了。"法鲁克指着真正的地板尽头说，"他们在这找到了她，她正抓着那儿突出的地方，只有头和胳膊露在上面。"

我妻子抖了一下，后退了几步。

我小心地挪近了一点，跪在井口处。这儿看起来还真的很像平地。"法鲁克，这该死的地方有多深？"

"得好几层楼那么深吧，"他多少有点夸张地说，"主井尽头像个隧道的迷宫。"

就在我头灯的光线扫过反光的表面时，有个足球那么大的东西弹跳着穿过光柱。我下意识地一屁股坐在地上，而那东西响亮地落

---

① 后来我才知道，电梯井里充满了蝙蝠尿液、鸟粪和雨水的混合物。

地。三个头灯马上汇聚到那个点，但是它消失在了墨黑的泥污后。

"到底是个什么东西？"珍妮特问，她的声音低哑而惊恐。

"我觉得是只癞蛤蟆，"我回答道，"一个胖嬷嬷。"我回头看法鲁克，他表示同意地点点头。

"它们以掉落的蝙蝠为食，"他说，"包括蝙蝠幼崽和虚弱的蝙蝠。"

说着，这个特立尼达人把他的头灯直着朝上照射，直到我们能够分辨出电梯井的天花板离我们所站之处有6米高。

就在我眯着眼往黑暗中看时，法鲁克开始行动，示意我们跟上。"从楼上看蝙蝠能看得更清楚。"

他在通往二楼的狭窄楼梯处停了下来。楼梯扶手不是很久前已崩坏就是被本地人拆走了，水泥上只留下圆形孔洞。三束光线分别扫过台阶，每个人都在寻找这楼梯可能并不安全的迹象。

我刚要开口说点关于氨气味道强烈的话，就听到了法鲁克的声音。他的语气变得更加严肃："珍妮特，也许你该留在下面。"

"哦，果然。"我笑了笑。我的妻子刚刚花了三个小时探索卡拉洞穴（Caura Cave），那儿的地面因鸟粪而湿滑且爬满巨大的蟑螂，她一点儿都没有抱怨过。而且后来我才知道她当时一直在偏头疼。所以当她礼貌地拒绝了法鲁克彬彬有礼的建议并开始攀上黑幽幽的楼梯时，我一点儿都不惊奇。

一年前，在一个蝙蝠研究的座谈会上，我鼓起勇气主动结识了阿瑟·格林豪尔（Arthur M. Greenhall），他是研究吸血蝙蝠的泰斗。当时我正在康奈尔大学读博士研究生二年级，像所有将要毕业的学

黑色盛宴

生一样，正在到处探寻我的论文选题。[幸运的是，研究生委员会负责人约翰·赫曼森（John W. Hermanson），并不是那种会给你一个现成选题的人，虽然我不得不承认有那么几个时刻我曾多么希望他这么做。] 当时，格林豪尔已75岁，但是他仍然充满活力且好奇心旺盛——像我认识的许多科学家一样对科学激情四射。

格林豪尔生长于纽约市，其职业生涯颇为传奇。1933年，他和他在纽约动物园的导师雷蒙德·迪特马斯（Raymond L.Ditmars）在美国收集并展出了首例吸血蝙蝠活体[1]。那是个雌性蝙蝠，发现时已经怀孕，几个月后产下了幼崽。接下来的一年，格林豪尔来到特立尼达，正赶上一次大规模狂犬病爆发的顶峰。他与当地科学家一起研究了这一致命的病毒以及吸血的病毒携带者，并收集了其他吸血蝙蝠。回到美国后，他发现自己的蝙蝠样本比动物园里展出的还多。于是，他在纽约市的公寓里花了两年时间饲养这20种蝙蝠。

那天在研究座谈的间隙，我与几位著名的蝙蝠生物学家就三种吸血蝙蝠——吸血蝠、白翼吸血蝠和毛腿吸血蝠（*Diphylla*）在行为学和解剖学上可能存在的差异进行了探讨。通过先前的研究我了解到，白翼吸血蝠，即常见的吸血蝙蝠，展现出大量令人难以置信的不像蝙蝠的行为，包括在地面上如蜘蛛般灵活地移动。同样让我感兴趣的是吸血蝠开创的飞行方式。事实上，所有非吸血蝙蝠的起飞都从拍打一边翅膀给身体加速开始，从而离开它们悬挂的墙、天花板或者树枝。由于吸血后会使身体负担加重[2]，吸血蝠会用一种大幅度的伏地挺身动作把自己从地面上弹射起飞，这种

---

y

[1] Raymond L. Ditmars and Arthur M. Greenhall, "The Vampire Bat-A Presentation of Undescribed Habits and Review of Its History," *Zoologica* 4 (1935), 53-76.

[2] J. Scott Altenbach, *Locomotor Morphology of the Vampire Bat, Desmodus rotundus*, Special Pub. No. 6, American Society of Mammalogists (Lawrence, Kans.: 1979), 19-30.

能力使它们闻名遐迩。

"也许，"我提议，"其他的吸血蝙蝠，白翼吸血蝠或毛腿吸血蝠，会有些不同。"

"不见得。"

我已经不止一次被这样否定了。

"吸血蝙蝠、吸血蝙蝠、吸血蝙蝠。"几个蝙蝠科学家反复嘟囔着。我不知道这话里是否有某些我还不曾见识过的秘密信息。

向格林豪尔做了自我介绍后，我告诉他蝙蝠研究者们都说了些什么，并补充了我对他们的回答所感到的迷惑。

"你是怎么想的？"这位吸血鬼专家问道。

"唔，由于竞争性排除规律认为，如果相似动物在为同一种资源相互竞争，那么在这种情况下，将有三种结果：或者其中一方迁移，或者其中一方灭绝，或者其中一方发生进化，以减少对资源的竞争。"

"那么，正因为吸血蝙蝠属有着相互重叠的活动区域……"格林豪尔插了一句，这妙语令我欣欣鼓舞。

"它们必定存在差异。"

老科学家给了我一抹淘气的微笑。"你很上道嘛，小子，"他说，然后压低声音道，"加把劲，别让人抢先了。"

我花了六个月来"加把劲"，但那时我和我在康奈尔大学一起即将毕业的伙伴张阳辉（Young-Hiu Chang）和丹尼斯·库里纳尼（Dennis Cullinane），正在导师约翰·伯特伦（John Bertram）的领导下搭建一个微型测力台。这是一种装置，当某个活物（这里指吸血蝙蝠）飞越一块平的金属板时，它可以测量应用于这块板上的力。通过将测力台的信号与高速摄影机同步，我们计划观察到在起飞跳跃阶段，吸血蝠和白翼吸血蝠是否存在可测量的差异，我将会在特立尼达收集并带回这两种吸血蝙蝠。

来到特立尼达和多巴哥的首都西班牙港后没多久，我向法鲁克抱怨，制造测力台的金属构件、让那些电子设备正常运转、编写数据采集软件是多么令人痛苦。他耐心地站在一边看我叮叮当当地摆弄，听我嘟嘟囔囔地唠叨。到最后，我也懒得描述那些复杂的设备了（反正说了也是白说）。

"这东西不会好使的。"法鲁克笃定地说。

"你说什么？！"我的声音怪得像个12岁变声期的男孩。

"我说你的机器不会运转的。"

这下我是真的恼了。我该怎么告诉他这个项目花费了我多少时间、精力和脑细胞！

"它当然会好使的！"我有点儿要抓狂了。

特立尼达人没吱声。

"你说说它怎么就会不好使呢？"

他把手放在我的肩膀上微笑着说："因为白翼吸血蝠不跳。"

"哦，"我恍然大悟，"对哦！"

珍妮特的头灯发出的光束从空荡荡的电梯井的底部（现在处于我们下方）向上扫射至天花板。"在哪儿呢？"她的光束突然停止了移动。

房间的顶部被照亮，那有三个圆簇，每个都由一群黑色轮廓组成，同心排列。它们静静地悬挂着，让我联想到巨大的圣诞树装饰。突然，其中一个纺锤形状的东西展开，露出差不多60厘米的翼展。

"矛吻蝠（*Phyllostomus hastatus*），"法鲁克低语道，"特立尼达

第二大的蝙蝠。"

"瓦尔多的爬行嬷嬷。"我喃喃自语。法鲁克没听懂,露出迷茫的表情。

"别理他,"珍妮特解释道,继续用头灯照着蝙蝠,"他兴奋起来就是这副德性。"

法鲁克礼貌地点头,然后开始组装一根一米多长的杆子,一端装有细拉绳的蝴蝶网。

我投给他一个古怪的表情:"蝴蝶网吗?"

"扑网。"法鲁克纠正道,把它递给珍妮特,然后向上照射着那簇蝙蝠群,"去逮离电梯门最近的那只,你从边儿上探身出去,我们抓着你的腰带和背包。"

珍妮特抬眼瞥了瞥蝙蝠,然后迅速把网子推进我手里。大概她跟我看到了一样的景象:下面是破败的由混凝土砌筑的无底深渊,里面什么也没有,除了经年的雨水、蝙蝠粪便以及石棉可以为跌落当垫背。

我移进门道。什么也不能驱散这可怜女人脑海中的假想——从混凝土地板失足落入一个盛满蝙蝠屎尿汤的无底洞。"谢谢,亲爱的。"我说。

珍妮特笑而不语。

"别管这些蝙蝠了。"法鲁克说着离开了电梯井。

我们迅速跟上他,我松了口气,这才意识到刚刚自己竟屏住了呼吸。"我们这样能逮到吸血蝙蝠吗?"我问,突然觉得自己勇敢了点儿,并向空气中的蝙蝠幻影挥打。

"不能,"他回答,从碎石堆中拣了条路,"它们聪明得多。"

黑色盛宴

后来科学家解释，早期努力根除吸血蝙蝠是由于上千的非吸血物种的灭亡。1941年劳埃德·盖茨（Lloyd Gates）上尉被派来保护驻扎在沃勒菲尔德的美军，使他们免于受到蚊子和吸血蝙蝠的双重威胁。盖茨并不怎么精妙的对策，就是让他的手下在已发现的蝙蝠栖息洞穴中使用炸药和毒气。喷火器成为流行的工具，但是吸血蝙蝠仍然继续存在，并对这些侵略者发起攻击。雪上加霜的是，更多的人受到美军基地提供的高收入的吸引，来到这个地区，导致人口与日俱增。结果，成千上万的非吸血蝙蝠被引爆、毒杀或者烧死。更糟的是，这些根除蝙蝠的方法是如此肤浅地迎合大众，以至于"二战"期间，在巴西超过八千个洞穴被毁灭殆尽[①]。

法鲁克细数他与吸血蝙蝠专家雷克斯福德·洛德（Rexford Lord）是如何被派到巴西去跟当地的抗狂犬病组织学习根除吸血蝠的小窍门。

"这些家伙把我们带到洞穴里，然后滚出一大罐子的丙烷并用电线将它接到一个老式的镁光灯上，把电线通到洞穴入口处。"

他描述了大家如何等在洞穴入口处，并派了一个巴西人去打开气罐阀。

"肯定是个新来的菜鸟。"我插嘴道。

"他们使用触发盒来设置镁光灯，爆炸就像炮弹一样冲进洞

---

① 格林豪尔告诉我，同样残忍的方法也曾用在委内瑞拉，1964～1966年差不多每年有一百万只蝙蝠被杀。

穴，"法鲁克摇了摇头，继续说道，"等烟散去，他们让我们进去寻找并分辨死蝙蝠。死了得有一千只，什么种类的都有——唯独没有吸血蝙蝠。"

法鲁克说，后来，人们冒险深入到洞穴里，发现岩壁层上排列着一行黑色物体。

"那就是吸血蝙蝠，看起来相当安适，完全没有受到爆炸的影响。死掉的蝙蝠都很纤弱。"

巴西蝙蝠洞穴的"滑铁卢之战"并没有解决吸血蝙蝠问题，却在一定程度上解释了吸血蝙蝠是如何演变为现在这样的极端投机取巧、高智商且坚韧强壮。

这时法鲁克说到了事情的本质："吸血是个艰难的谋生方式啊！"

回到沃勒菲尔德。我们更加深入建筑物，用头灯照明，避免被掉落的天花板绊倒，一种刚刚开始的感觉萦绕在我脑海里。辛辣的氨的味道越发强烈。突然，我们来到了蝙蝠中心。

光线和我们的动作终于唤醒了冰窖里的空中居民，数百个毛乎乎的身体一闪而过，它们用几乎不可辨识的高频叫声不断校正着振翼。

我关掉头灯，拿起扑网挥了两下，立刻感觉到网子的重量有了微小的变化，马上把细绳拉紧。

我重新打开头灯，伸出戴着手套的手，拔出一个小小的挣扎着的东西，我轻柔地摆弄它，把它的翅膀折叠起来固定在身体上。一个挣扎的动物，无论大小，都极易伤害自己，需要有人把它完全舒服地束缚好。

　　　　　　　　　　　　黑色盛宴

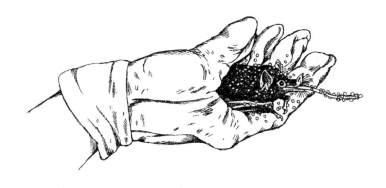

　　珍妮特和法鲁克围拢过来，把头灯投聚到这个纤弱的小俘虏身上。这蝙蝠有着横阔的口鼻，长长的舌头，舌尖上好像装了个小刷子。它的牙齿又小又软，很快就放弃了咬穿我的皮质防护手套的企图①。

　　"长舌蝠，"法鲁克说，"吸花蜜的。"

　　它看起来就好像被粉扑拍了一样。"粉"其实就是花粉，动物吸食花蜜时会不小心沾在身上。蜂鸟、长舌蝠或它们的近缘类群都是这个生态系统的主要成员，实际上，超过五百种热带植物都通过蝙蝠来授粉。

　　吸食花蜜的生活方式也是趋同进化的一个极好范例，当生物体（这里指几十种蝙蝠和超过三百种蜂鸟）进化得类似（在解剖学和行为学方面），这不仅是由于它们密切相关，而且由于它们生存的环境相似或者利用着相似的资源。这种情况下的资源就是花蜜——由各种植物制造出的含糖液体，带着进化的隐秘动机。为了得到花蜜，蝙蝠（还有蜂鸟和昆虫，如蜜蜂和蝴蝶）都会身沾花粉，这样

① 这种手套轻便并非常适于抓握小型飞行哺乳动物或者穿越布满荆棘的森林，但一些人坚持认为这种手套就是美式橄榄球手套，这倒令我有点不解。

花粉就得以在空中传递到可繁育的、很可能是距离较远的花朵那里。自从恐龙时代显花植物第一次演变，这种共同进化的关系就一直存在[①]。

此外，在进化趋同的另一个例子中，蝙蝠和鸟类传粉者之间存在着重要的差异，有些差异（远不止那些显而易见的白天与夜晚的吸食习惯）意义深远。比如，世界上大约有340种蜂鸟，它们以吸食时能够定悬在空中飞行而闻名。引人注目的是，它们靠翅膀拍打的频率来实现这一行为，几乎可以达到每秒振翅90次。但只有相对少数的蝙蝠（基本不超过20种）能够盘旋，一般都坚持不到一秒，并且每秒振翼最多不超过20次。

蝙蝠和鸟类传粉者的其他差异还表现在大量的振翼进行上升运动方面。所有的蝙蝠都用相同的肌肉使翼上升，人类也用那些肌肉来延展手臂。蝙蝠和人类都如此，这些肌肉（如三角肌）从背部和肩部延伸过来，与上臂骨（肱骨）相连。当这些肌肉收缩，就像在幕后操纵牵线木偶的胳膊——只是使翼上升的力量来自肌肉收缩，而不是来自傀儡师。

但就飞行效率来说，一个重要因素是位于蝙蝠翼上方的可做向上运动的肌肉。由于翼下方尽可能多的重量会增加空气动力学效率，但是这额外的重量会降低飞行效率，于是蝙蝠的飞行呈现出一种一掠而过的特点[②]。

由于向上和向下运动的肌肉都位于翅膀下方，鸟类被引入了这

---

① 化石证据表明，1.2亿~1.3亿年前，在显花植物出现不久，昆虫就缔造了与其之间的关系。第一只蝙蝠（以虫为食）以及现代蜂鸟的祖先，大约在恐龙（特别是它们会飞的表亲翼龙）灭绝的时候开始进化出现，也就是大约6500万年前。随着翼龙不再占据空中脊椎动物的生态位，鸟类和蝙蝠便有了一个迅猛的多样化发展历程。

② 让人联想到一架飞机上储存的行李和货物。

黑色盛宴

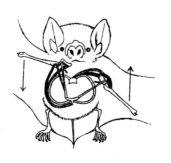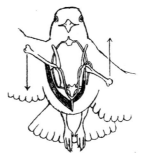

个问题的解决方案中。喙上肌位于胸骨之上（深入到鸟类操控向下运动的胸肌），从那里伸出一条长腱蜿蜒通过肩关节的一个孔，到达肱部的一个附着点。当喙上肌收缩，这条肌腱就像滑轮那样活动，将翅膀抬升。最终的结论是，比起蝙蝠，鸟类的飞行更平滑（没那么颠簸）。

在大部分飞行特征中，这些性能差异遵循一个总体的趋势——鸟类比蝙蝠更具有空气动力学效率。这当然应归因于一个事实，就是鸟类一直都比它们的哺乳类小朋友要飞行长远得多（即使是蜂鸟在空中悬停以及吸食花蜜时）。

再回到沃勒菲尔德。法鲁克冲我的小俘房点点头。"我们离开之前你应该把这长舌蝠放掉，"他说，"如果你想让它活着的话。"

"为什么？"珍妮特问道。我们在特立尼达花了几个星期用袋子装蝙蝠，然后把它们带回图纳普纳（Tunapuna）我们居住的PAX

家庭旅馆①。

"长舌蝠的代谢速率特别高,"法鲁克回答,"这家伙今晚要是吸不到花蜜,就得饿死。"

"呀!"我叹了一声,低头扫了一眼这蝙蝠,又燃起兴趣。

珍妮特用肘轻轻推了推我的手臂:"听起来好像去年我们在阿诺特森林(Arnot Forest)与狄德拉和达林一起逮到的那些鼩鼱。"

珍妮特说的正对。鼩鼱体形细小,靠吃虫获取能量。表面上,它们类似啮齿动物(趋同进化的另一个范例),但是它们的身体机能极度兴奋且消耗迅速,就像吸食花蜜的蝙蝠一样,需要持续摄入较多的能量。一次哺乳动物调查中,我们在康奈尔附近的森林里逮到了鼩鼱,它们的心跳大概是每分钟800次,在压力下,心跳可以达到每分钟1500次,堪称哺乳动物的最高心跳纪录。所以鼩鼱必须不断进食,主要吃蠕虫和昆虫,甚至吃其他鼩鼱。侵略性的行为和有毒的牙齿也使它们能袭击比自身大得多的动物。在野外的一个漫长夜晚,我回想起儿时看过的一部电影里描述的关于这种生物的特性。那是1959年上映的恐怖(出乎意料,还挺有趣)电影《杀人鼩》(*The Killer Shrews*)。片中将狗化装成鼩鼱,去吓唬鸡尾酒会上狂欢的一小撮科学家、一个身材火辣的年轻女郎和一个戴着船长帽的很勇敢的英雄。除了最后那个英雄可与《乱世佳人》中的克拉克·盖博媲美外,我发现关于这个极易被遗忘的"经典"电影最令人难忘的,就在于制片人事实上至少弄对了一件事情(如果算上科学家摄入的酒精,实际上是两件):如果鼩鼱确实已经进化

---

① PAX坐落在一座小山丘的山顶上(从那里可以俯瞰卡罗尼平原),位于本笃会修道院的范围。我们的朋友,杰拉德·拉姆萨瓦克(Gerard Ramsawak)和他漂亮的妻子奥达,利用车库为我们搭建了一个特别实用的实验室。在记录了一系列测量数据并描摹了翼的形状之后,珍妮特和我就会等到黑暗降临时,把蝙蝠们放归夜色中。

了，或者在某种情况下产生突变，变成了狗那么大（即便只是小狗），那么人类将会与一种可怕得难以置信的捕食者斗争。幸运的是，我们这些收集真正蝲鲭的人，并没有危险。唯一不便之处在于我们必须在深夜中每两小时检查一次百余个"活兽陷阱"，以防那些极度活跃的小俘虏饿死。

在沃勒菲尔德的冰窖，珍妮特和我最后看了一眼这迷人的小小传粉者。

"再会吧。"我将它轻轻地往上一掷。

小东西轻声拍扇着羊皮纸般的双翼，消失了。

我回头看着法鲁克，他点点头开始走向楼梯井。"我们最好离开吧，比尔。我可不想待到天黑之后。"

"同意。"珍妮特说。

我本想对我妻子说点什么，但她已经开始向出口移动了。

"好吧。"我一边说，一边在珍妮特寻找阳光时紧跟她头灯射出来的光。

像蜂鸟一样，蝙蝠中吸血的一类是另一种具有高度专业化生活形态的生物，但鸟类和蝙蝠之间很少或基本没有交集，很有可能是因为这两个种群间不存在竞争。然而，除了一种鸟定期吸血（吸血雀，间接地捡食大型哺乳动物的皮外寄生物，如蜱虫），没有一种鸟是像吸血蝙蝠那样专门以吸血为生。换言之，据我所知，就脊椎吸血动物而言，蝙蝠对它们在空中和陆地的生态位拥有专属权[①]。

① 然而，数以千计的无脊椎动物已经进化到可以只靠吸血维生了。

那么，早期的博物学家是怎样描述吸血蝙蝠的？这种生物又是如何变得常常与同时发生在欧洲的日渐增多的吸血鬼歇斯底里症（vampire hysteria）绑在一起的？蝙蝠是如何进化成吸血动物的？为什么鸟类作为一种更古老、更多样的种群却没有发生这样的变化？还有，为什么人类对吸血蝙蝠所知的一切其实都错得离谱？

我们最好从最后一个问题开始。

　　……谁能告诉我为什么在潘帕斯，或者别的地方，蝙蝠总是在夜晚出没并咬开牛马的静脉，吸干它们的血；为什么在西部海域一些岛屿上，人们常常看到蝙蝠整日悬挂在树间，像是巨大的坚果或豆荚，当水手因为天热而睡在甲板上，它们就悄悄地落在他们身边，早上便会发现有人死去，苍白得像露西小姐一样？

——布莱姆·斯托克

第二章

黑夜之子

在15、16世纪，当新大陆的探险家回到欧洲的家中，比起发现的动物，他们更关心黄金、上帝和地舆。在幻想出来的海蛇、巨人和人鱼的故事中，也有关于蝙蝠在夜晚接近不幸的人和他们的牲畜并吸血的记载。虽然这些生物一般被描述成长着1.5米翼展并且面目可憎，但却没人真正花时间去指认哪些是吸血蝙蝠，哪些不是。根据经验法则，最大最丑的蝙蝠似乎就是吸血鬼——但在这两个判断方法上，探险家们都大错特错了。

早期的生物分类学家为制造这类混淆做出了"卓越的贡献"。卡尔·冯·林耐（Carl von Linné，他把自己的名字拉丁化了）和形态学家艾蒂安·若弗鲁瓦·圣伊莱尔（Étienne Geoffroy Saint-Hilaire），需要对人们关于蝙蝠以及吸血动物的误解负上最初的责任，而这些误解延续至今。在对蝙蝠的生态学知之甚少，又没有考虑过它们真正的饮食习惯的情况下，他们用拉丁化的"吸血"的字眼，为一些蝙蝠命名，如美洲假吸血蝠（*Vampyrum spectrum*，一种体形巨大的蝙蝠）、吸血蝙蝠（*Vespertilio vampyrus*，实为马来狐蝠*Pteropus vampyrus*的同物异名）、黄耳蝠属（*Vampyressa*），以及凹脸蝠（*Haematonycteris*），而这些蝙蝠连一小口血都不曾掘过[1]。

持证的热带动物学家也犯了可怕的错误。约翰·巴普蒂斯特·冯·斯皮克斯（Johann Baptiste von Spix）——巴伐利亚科学院（Bavarian Academy of Sciences）动物收藏展览的策展人——从1817年开始花了大约三年的时间在巴西展开了收集蝙蝠之旅。他带回了上千种标本，很多是在欧洲从未见过的。其中，长舌蝠（就是我在沃勒菲尔德"扑住"的满身花粉的蝙蝠）被他描述为"一个非常残酷的吸血鬼"（*sanguisuga crudelissima*），并被假设成精妙的蜂鸟效仿者，居然能用刷子样的舌尖弄出一个必须用（哪怕是超级小的）牙齿才能咬出的创口。

有关翼手目动物虚假的活动信息持续到了19世纪。这时候的收藏家们涌入整个新热带界，试图满足欧洲新兴的博物馆和私人收藏的需要。即便是像拉孔达明（Charles-Marie de la Condamine）和阿尔弗雷德·华莱士（Alfred R. Wallace）这样的博物学家也开始撰写关于吸血蝙蝠更为真实的报道，欧洲科学界仍然认为这些生物很传奇。问题在于，比起记录屠宰场在夜间被吸血蝙蝠袭击事件的简单明了，识别真正的混乱制造者才是复杂的难题。结果，当罪魁祸首被准确地辨识出来，歧视又开始大行其道了。

1801年，西班牙地图测绘师和博物学家菲利克斯·德·阿萨拉（Felix d'Azara）在巴拉圭找到一种生物，也就是后来最常见的一种吸血蝙蝠[2]。虽然阿萨拉宣称它就是袭击人类和牲畜的蝙蝠，但英国和法国的分类学家们却对此嗤之以鼻。1810年，若弗鲁瓦命名并描述

---

[1] 与其他食肉动物一样，美洲假吸血蝠也摄入血液，但这并不是它获取蛋白质的唯一途径。

[2] David E. Brown, *Vampiro – The Vampire Bat in Fact and Fantasy* (Silver City, N. Mex: High-Lonesome Books, 1994), 15.

了同一种蝙蝠。吸血蝠（*Desmodus*，字面意思为"融齿"）因其独特的门齿而得名：一排凿子形状的上牙和一对独特的双叶下牙。遗憾的是，在若弗鲁瓦对吸血蝠的描述中完全没有提及吸食血液这一点。在1823年，斯皮克斯命名并描述了在巴西收集到的一种蝙蝠，但在几年前，这种毛腿吸血蝠就已经是公认的第二种吸血蝙蝠了[①]。

直到1832年，当查尔斯·达尔文（Charles Darwin）和他的随从观察到吸血蝠在吸一匹马的血，英语世界里才有了与吸血行为相关联的名词。

> 无论在哪儿，马被蝙蝠咬了之后都会引起麻烦[②]。痛苦很大程度上并不是由于失血，而是由于被咬加上马鞍产生的压力所导致的炎症。近来，在英国，整个环境都遭到了质疑。当一只蝙蝠确实落在了一匹马的背上时，我很幸运，刚好在场。当时我们恰巧在智利的科金博夜营，我的仆人发现一匹马非常烦躁，就过去探个究竟。我隐约看到，他好像察觉到了什么，突然把手放在了马的身上，抓住了那个吸血鬼。[③]
>
> ——查尔斯·R.达尔文

---

① 1893年，当第三种吸血蝙蝠——白翼吸血蝠被识别出来后，吸血蝙蝠之谜的最后一块拼图找到了。这时科学家们终于弄明白了他们所描述的蝙蝠确实靠吸血维生。

② Charles R. Darwin, *A Naturalist's Voyage* (London: John Murray, 1886), 22.

③ 显然，就普通吸血蝙蝠和它们的收集者来说，这是相当怪异的行为。换作任何人，在现场看到这些生物都会明白，吸血蝙蝠异乎寻常地神秘，特别是它们似乎总是躲着人类。那为什么这只特别的蝙蝠允许两个人接近它，还偏偏被达尔文的随从逮住？而且当这只蝙蝠被捉住时（这点很可疑），抓着吸血蝙蝠的人居然没有想要事先戴上厚皮手套（达尔文也没提到这一点）就徒手去抓它，因为吸血蝠——也就是达尔文描述的蝙蝠，被抓住时会撕咬得非常凶猛。最后，关于这个非常不像吸血蝙蝠的行为，我能想到的两种解释是：或者这蝙蝠病了，或者达尔文美化了他对于此次遭遇的描述。

吸血蝠

白翼吸血蝠

太平洋

吸血蝙蝠的分布范围

吸血蝠
白翼吸血蝠
毛腿吸血蝠

毛腿吸血蝠

Miles

　　由于外表、行为和活动范围（墨西哥的部分地区、中南美洲的温暖地区，以及特立尼达和多巴哥的岛屿）的相似性，吸血蝠属、白翼吸血蝠属和毛腿吸血蝠属起初都被归入吸血蝠科（Desmodontidae）。最近，研究者们把它们缩减至一个亚科，从属于一个庞大的、主要栖息于新热带界的叶口蝠科（Phyllostomidae）。世界上大约有150种叶口蝠（phyllostomids，即叶口蝠科的成员），有时它们被称为新大陆叶鼻蝠，这是因为它们栖息于美洲，大部分拥有垂直突出的、矛形的鼻部结构。虽然它们的鼻叶看起来极具威胁性，但实际上是很柔韧的。

　　早期的博物学家声称，吸血蝙蝠的鼻叶像肉剑一样致命，在鲜血大餐开始前它们用这东西戳进受害者的身体。多年以后，科学家发现蝙蝠那奇异的超声波能力，反映出它们的鼻骨突起具有有趣且

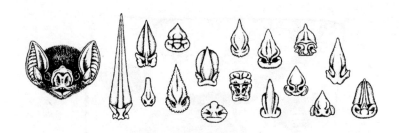

并不那么血淋淋的功能。如同扩音器能放大人类的声音，鼻叶可以指引蝙蝠发出回声定位的叫声。出乎意料的是，吸血蝙蝠（如前所说的吸血蝠）的鼻叶缩小了很多，其主要功能为热感知，即具有感觉温度变化的能力。这是吸血蝙蝠为了在完全黑暗的情况下接近它们的恒温猎物所做的一个适应性调整[1]。一旦蝙蝠接近距离目标约15厘米的范围时，它们那藏在低矮的脊状鼻叶里的热感应器就能探测到猎物皮下有血管分布的皮肤与周围皮肤之间微小的温度差异。蝙蝠利用这一信息来帮助自己决定在何处咬上一口[2]。

事后看来，对早期博物学家来说，蝙蝠鼻叶的功能是一项被曲解了的情报，他们依据这个结构的存在，错误地将超过一百种非吸血蝙蝠归类为吸血蝙蝠（比如长舌蝠）。按照这些原则，还应该指出的是，鼻叶还出现在旧大陆的另外两个（只是远房的）蝙蝠家族身上。这是趋同进化的又一个范例，虽然这些种群并未包含任何吸

---

[1] Uwe Schmidt, "Orientation and Sensory Functions in *Desmodus rotundus*," in *Natural History of Vampire Bats*, ed. A. M. Greenhall and U. Schmidt, editors, 150-152 (Boca Raton, Fl.: CRC Press, 1988).

[2] 最近的一项研究表明，吸血蝠利用被动听觉去识别之前被自己吸过血的动物的呼吸方式。这可能有助于解释吸血蝙蝠是怎么能连续几个晚上回到同一只动物那里去吸血的行为。参见Udo Gröger and Lutz Wiegrebe, "Classification of Human Breathing Sounds by the Common Vampire Bat," *Desmodus rotundus*, *BMC Biology* 4, no. 18 (2006): 1-8。

黑色盛宴

血的成员，但鼻叶的存在很可能导致有人宣称吸血蝙蝠栖息在欧洲、非洲、东南亚和印度洋—太平洋地区[①]。

　　直到19世纪90年代，三种吸血蝙蝠的身份才完全知晓，但早在18世纪中叶，会放血的蝙蝠就被称为"吸血鬼"。虽然关于吸血鬼的民间传说并非始于吸血蝙蝠的发现，但后者确实加强了前者的艺术效果。

　　根据民俗学研究者斯图·伯恩斯（Stu Burns）的观点，"吸血鬼"一词似乎源自斯拉夫语中的专有名词upir，首次见于11世纪一部俄语手稿中。"吸血鬼"（或者vampyre——此后被用于指代虚构的吸血者）是upir（或upyr）的西化，在1732年的一套出版物中这个词好像被杜撰出了英文写法。Vampyre指的是通过饮用活人的鲜血而脱离死亡状态的僵尸。类似的生物据说几乎出没于每一个斯拉夫国家的村镇地区。毫不奇怪，每一个文化都赋予这些怪物专属的名字（比如，塞尔维亚称其为vukodlak，罗马尼亚称其为strigoii，俄罗斯称其为eretika，"保险推销员"的说法是在……[②]好吧，不说这个了）。还应指出的是，类似吸血鬼生物的故事遍及全世界。在古代的中国、巴比伦和希腊的民间传说和文献中，吸血鬼都占据一席之地，在前哥伦布时期的中美洲文化中也是如此（最抢眼的要数玛雅文化中

---

① 1967年，在得克萨斯卡姆斯托克（距墨西哥边境约五英里）以西的一处废弃铁路隧道里，有个人朝一群蝙蝠开了一枪。一只死掉的蝙蝠被断定是吸血蝙蝠。四十多年后的今天，这仍然是美国现今唯一一条关于吸血蝙蝠的记录。
② 作者用了一个类似隐喻的修辞手法，暗示在有些地方，保险推销员被称为"吸血鬼"。——译者注

的蝙蝠之神Zotz或Camazotz）。

　　吸血鬼歇斯底里症在15、16世纪席卷了整个欧洲，并于18世纪30年代发展到了巅峰。挖出尸体，谴责死者的罪行，然后将木桩子狠狠砸进死者腐烂的心脏，这样的做法在当时非常盛行。相传，这些尸体为了避免被刺穿，常会选择将自己变形成为不那么像尸体的东西。虽然斯拉夫吸血鬼从未真正变成蝙蝠，但常见的变形目标包括动物和无生命的物质，如火焰和烟雾。恐惧是大多数吸血鬼传说中重要的组成因素，但是这些生物中有些真的很难吓到普通小孩子。例如，巴尔干地区的穆斯林吉卜赛人不会保存南瓜和西瓜超过十天（或保存到圣诞节之后），因为害怕这些东西会变成吸血鬼[1]。谢天谢地，这些素食主义吸血鬼没有牙齿，所以它们只能靠满地乱滚、制造噪声和鲜血淋漓来使人困扰。

　　早期的民间传说几乎全然不会去描述吸血鬼如何攻击猎物，但一般都认为本来健康的受害者在屈服于吸血鬼的魔力之前就开始日

---

[1] Matthew Bunson, *The Vampire Encyclopedia* (New York: Gramercy, 1993), 218, 278.

渐消瘦了。

一些学者试图从犯罪的角度来解释各个文化关于吸血鬼的迷信。比如一个人的可怕行为体现了他从精神分裂症到狂犬病的真实身体状况。在极为罕见但令人难忘的案例中，罪犯所表现出来的行为实际上是他对鲜血的痴迷。这些"吸血鬼主义者"与其说是超自然现象，不如说是精神病患者，他们通过吞噬或其他方式与他人的血液进行接触来获得满足。最臭名昭彰的吸血鬼大概要数匈牙利的伊丽莎白·巴托里伯爵夫人（Elizabeth Báthory）。一开始她只是热衷于虐待女仆，直到有一次她扇了一个年轻女人耳光，姑娘的血溅到了她脸上，此后她就开始相信血液有美容滋补的功效。最终她参与折磨和谋杀了六百多个处女，这些蓄意的伤害只是因为她要喝血并做血浴①。1611年，伯爵夫人被审讯之后关押在自己城堡中的一间密室里，她在与世隔绝的黑暗中度过了生命的最后三年。通过一个所谓的还不成熟的认罪减刑程序，她的几个帮凶为了逃避类似的监禁而选择了砍断手指并被钉在桩子上烧死。

一些研究者力图解释，我们如此着迷于吸血鬼现象，依据的是死亡本身而不是与死亡相关的犯罪。他们将意外的死亡事故描述成假设的吸血鬼袭击所致的病症，如贫血、肺结核（早期被认为是肺痨），或者席卷欧洲并蔓延大半个地球的各种瘟疫（比如黑死病）②。此外，由于一般民众对于某些身体状况（比如昏迷）的忽视，所以出现大量关于"生葬"和"被死亡"的人莫名其妙死而复生的报

---

① 我们只是奇怪她是怎么解决血液凝固这个问题的。

② 英国维多利亚时代，人们在屠宰场吞吃血液，他们坚信这样可以预防肺结核——一种致命的细菌感染，曾被称为"肺痨"（之所以得此名倒不是因为血被吃掉了，而是由于症状看起来好像从内部将人体耗干）。参见Jerry Hopkins, *Extreme Cuisine* (North Clarendon, Vt: Tuttle Publishing, 2004), 269。

道，也就不那么令人震惊了①。

然而很明显，一旦关于真正的吸血蝙蝠存在的消息开始传播，就马上形成新的不可思议的对这些神秘（同时也是未知）生物的关注。生活在从未有过吸血物种的欧洲的蝙蝠逐渐被当成吸血鬼。癔症和臆造超越了理性和科学（坦率讲，科学使吸血蝙蝠的故事得到了延续。这事做得挺差劲）。逐渐地，吸血鬼主义的民间传说把吸血蝙蝠和类蝙蝠的特征编进了辞典。与鸟类不同，蝙蝠是神秘的、难以瞥见一眼的夜行动物；它们类似啮齿动物（至少看起来是这样），并且用皮翼飞行。蝙蝠是迷信和毫无根据的恐惧的主要对象，自从1897年布莱姆·斯托克（Bram Stoker）的小说《德库拉》（*Dracula*）出版，蝙蝠就开始与吸血鬼主义永远脱不开干系了。

通过类似的故事能够解释玛丽·雪莱（Mary Shelley）和罗伯特·路易斯·斯蒂文森（Robert Louis Stevenson）是怎么激发灵感想出点子的，斯托克（他也是爱尔兰剧院经理和评论家）开玩笑说，他得意之作的文学灵感来自一个夜半惊梦，那天的晚饭迟了，而且吃的是肢解过的螃蟹。

斯托克的小说原型是真实存在于15世纪的罗马尼亚总督（voivode，或称战将、伯爵）弗拉德三世（Vlad III）。这位瓦拉几亚（Wallachia）大公以屠杀他的伊斯兰教敌人而恶名昭彰。虽然他利用种种方法（"戳瞎、勒死、吊死、火烧、水煮、剥皮、火烤、砍死、钉死、活埋，以及……穿刺"）虐待俘虏致死，但弗拉德最爱的折磨方式是从

---

① 1895年，有个名叫欧内斯特·威克斯的男孩死亡，当他被安置在雷金特公园停尸房里后，突然复活了。随后调查显示这个孩子已经"死亡"四次了，而且"他的母亲至少接到过三次死亡诊断书，每一份诊断书都充分证明他可以被葬了"。正如我们在后面的章节所见，乔治·华盛顿的最后请求是，在被宣告死亡后三天之内不要下葬——大概他怕被"活埋"吧。参见Montague Summers, *The Vampire: His Kith and Kin* (London: Kegan Paul, Trench Trubner and Co., 1928), 46。

俘虏的心脏、胸腔或者肚脐处插入一根尖锐的木桩。[1]母亲们被刺穿乳房，她们的孩子会被推落到参差不齐的尖木桩上。有时候，木桩从受害者的臀部向上穿进去。桩子会被打磨得很圆滑且涂上润滑剂，这是为了使受害者不至于太快死去。

据传，他进行了大规模的屠杀，遍地覆盖着不同腐烂程度的上千具穿在木桩上的尸体。这些"尖刺森林"向弗拉德的敌人散播着恐惧，最终为他赢得了"穿刺王弗拉德"（Vlad the Impaler）这一

---

① Radu Florescu and Raymond T. McNally, *Dracula – A Biography of Vlad the Impaler* (New York, Hawthorne Books, 1973), 76-77.

绰号（也称Vlad Tepes，罗马尼亚语中Tepes意为穿刺）。

这位残忍的罗马尼亚伯爵是如何引导布莱姆·斯托克写成他的成名之作的呢？[1]其实很简单。弗拉德的父亲弗拉德二世在1431年被灌输了龙骑士团（Order of the Dragon）[2]的信仰，此后被世人称为弗拉德·塔古勒（Vlad Dracul）。那些知道年轻的弗拉德的人为避免将令人尴尬的"穿刺者"的名号与他们的伯爵联系起来，而将德库拉按照Dracula的字面意思理解为"龙之子"。还应注意的是，"塔古勒"在罗马尼亚语中有双重意思，即"龙"和"恶魔"，所以有些人把塔古勒这个名字解读出更为阴险的色彩。

即便建立起两个吸血鬼名词（vampires和vampyres）之间的联系，现实中仍然存在着问题，这令我们这些研究者感到困扰而好奇：吸血蝙蝠是如何进化成吸食鲜血的呢？为什么在两万种陆栖脊椎动物中要对吸血负责的仅限于三种与新大陆蝙蝠联系紧密的蝙蝠呢？

化石虽然对于很多史前生物的细节十分重要，但就吸血蝙蝠的起源而言，却毫无帮助。虽然存在多种吸血蝙蝠化石［包括超大个儿的令人称奇的巨吸血蝠（*Desmodus draculae*，现已灭绝）］，但这些蝙蝠无疑已经是吸血蝙蝠了，而不是能够反映它们早先吸食习性的过渡类型。一提到"过渡形式"，古生物学家就都跟打了鸡血似的。但为了更好地理解，我们先撇开吸血蝙蝠不谈，来考证一下这种转变中最重

① Radu Florescu and Raymond T. McNally, *Dracula – A Biography of Vlad the Impaler* (New York, Hawthorne Books, 1973), 8-9.
② 这个精选出的贵族团队（圣罗马皇帝的朋友和政治盟友）在1408年被委以重任。

要但具争议的例子——它完美阐释了渐进性革命导致现代马的出现。

利用古典和现代研究相结合的成果，古生物学家已经能够将马祖先的头骨、牙齿和四肢的逐渐演化与北美大陆上发生的始于大约5000万年前（早始新世）的环境变化联系起来。有一支种群进化并占据了恐龙灭绝之后空出来的生态位，这个相当多样化的种群被称为奇蹄类动物（Perissodactyla；奇蹄目, odd-toed ungulates）[1]。在这个种群中，还包括犀牛和貘的祖先始祖马（*Hyracotherium*）——一种狐狸大小的生物。它有着短腿以及置于短的口鼻部后面的眼睛，生活于灌木丛中，食用柔软多叶的植物和水果。

大约在2500万年前（正如植物及其种子的化石线索显示），北美的气候逐渐变得干燥。森林缩小，草原扩大。一些小型食植动物走向灭绝（另外一些森林类型也灭绝了），但另一些存活了下来，大多是因为它们进化出了适应性以应对新环境。高（长）牙冠的牙使得这些哺乳动物能应付食用坚硬的植物而导致的经常性磨损，含有二氧化硅[2]的草代替了曾受到森林晚餐者欢迎的柔软的树叶和嫩枝。

随着可藏身的植被越来越少，对于在开阔地面上需要快速运动的动物来说，细长的四肢变得十分重要。只有两种方式可以增加奔跑速度：增加跨步的频率和增大跨步的长度。细长的四肢对后者帮助甚大，因为每次跨出一步的时候，可以移动更长的距离。随着四肢的伸长，曾经着地的脚趾要么消失，要么退化为残留趾，比如现代马（*Equus cabalis*）前腿上的赘趾（splint bones）[3]。

---

[1] 有蹄类哺乳动物还包括偶蹄类（如牛、骆驼、长颈鹿和猪），它们拥有成双数的脚趾（2或4个）。
[2] 二氧化硅是玻璃的主要成分（相当难以分解）。
[3] 现代马用第三个蹄趾的趾尖奔跑。

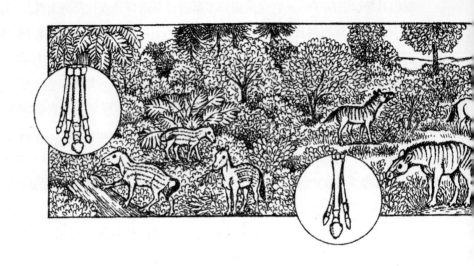

　　原始马的头骨也同样变长，眼睛的位置距离嘴越来越远。狭长的口鼻（嘴）使得它在吃草的同时可以注意捕食者。

　　除了外形越来越像现代马，这些有蹄类哺乳动物的变化相当多样。15种以上的北美物种存在于同一时期（约1000万年前），然而不知出于什么原因，在大约500万年前，只有现代马存留了下来，它们横穿大陆桥，跨越现在的白令海峡，散播到亚洲和欧洲。大约13000年前，气候巨变，人类，或是［正如美国自然历史博物馆哺乳动物学研究员罗斯·麦克菲（Ross MacPhee）假设的］一种类似狂犬病毒的恶性疾病，使多种大型北美洲哺乳动物灭绝[①]。猛犸象和

---

① 麦克菲博士对一件事实感到困扰，那就是这些已知的、一般来说很庞大的哺乳动物，会在野外被古印度人（Paleo-Indians）挥舞着尖头木棒穷追不舍，并迅速变得精疲力竭。"为什么武器装备差不多的布须曼人（Bushmen）没有使庞大的非洲哺乳动物灭绝呢？"在没有给出另一个假设前，麦克菲提出疑问，"难道说人类或者跟随人类来到这片大陆的家畜携带了某些美洲哺乳动物的免疫系统所不能抵抗的东西？"

剑齿虎在这个时期走向灭绝虽然是众所周知，但现代马在新大陆也完全销声匿迹，这就有点令人震惊了，直到16世纪早期西班牙征服者又重新将这一物种引入，现代马才再次出现。

令人扼腕的是，在马科公认的34个属中，只有一个幸存了下来。然而，这个曾经多样且广泛分布的种群所遗留下来的过渡型的化石记录，成功揭示了积聚在不断变化的环境中生活的一代代生物与环境变化之间的关系，以及它们随环境变化进行的结构修改。

但很遗憾，没有类似易于解读的变化存在于吸血蝙蝠或者更多其他生物体身上。实际上，蝙蝠骨骼极其易碎，栖息在热带地区生物的化石相对稀少。这主要是因为，在这种环境下，刚死亡的动物尸体一般会被肢解、吃掉或破坏——保存为化石的概率很渺茫。绝大部分脊椎动物化石都来自栖息于岸边的生物——海岸、河流，甚至池塘。在那里，沉积物迅速沉降，给了尸体一个微小的机会变成化石。

遗憾的是，由于大部分变成化石的生物都有着坚硬的部分，比如外壳或骨骼，这使得一些古生物学家把化石记录描述得多有偏颇。并不是说描述得不好，但是当虚伪的"创世学派成员"（Creation Scientists）在企图质疑进化论学说的过程中故意使用断章取义的术语（和其他东西）时，问题就出现了[①]。

那么科学家认为蝙蝠究竟是如何进化的呢？在这个问题上，化石记录爱莫能助，研究者通常依靠的是对现代生物的认识——最好是那些与古生物有着紧密联系的现代生物。史前环境也很重要，能提供古代生物生存的气候和环境的信息。该方法在极大程度上导致了后来对于蝙蝠吸血起源的假设。

一种设想是，原始的吸血生物，比如蜱这类靠吸血为生的皮外寄生物，都依附于大型哺乳动物。如此看来，皮外寄生物的假说建立在大约70%的蝙蝠是食虫（虽然蜱并不是昆虫）动物这一认知基础上，并结合了吸血蝙蝠吃吸血飞蛾的道听途说。在硕士学习期间，我修正了这一假说：如果原始吸血动物在享用皮外寄生物的时候尝到了第一滴血是个事实，那么吸血可能实际上就源自相互的清理行为。吸血蝙蝠是严格意义上的群居动物，研究表明它们大约要花掉生命中5%的时间来彼此梳理打扮。在这种行为中，原始吸血动物可能从与蜱和臭虫非常相似的物种那里第一次尝到血液的味道，这些虫通常寄生在现代吸血蝙蝠身上（实际上大部分蝙蝠身上都有）。

蝙蝠生物学家布罗克·芬顿（Brock Fenton）提出，小身型，再加上很难在动物身上定位，使得皮外寄生物假说未必是事实。皮

---

① 虽然"创世学派成员"冒充真正的科学家，但他们（常常是宣誓的时候）总是承认他们不是真正的科学家，他们之中很多人早先就发过誓，《圣经》里写的都是唯一的真理、科学。但是，我要说，如果你相信地球只有6000岁，你就不应该相信进化论。

外寄生物广泛分布于世界范围内，而吸血蝙蝠仅局限于新大陆三个物种之内，所以他对此也颇感困扰。另外，如果皮外寄生物真的随处可见，并在所有脊椎动物身上吸血，那么为什么没有更多种类的吸血蝙蝠存在？我将择机说明这个问题。

芬顿提出了另一种关于吸血蝙蝠起源的假说[①]，他认为吸血行为可能由原始吸血蝙蝠摄食昆虫和大型哺乳动物伤口周围存在的幼虫进化而来。这些伤口有的十分可怕，是侵略性社会行为、被荆棘刺伤或猎食未遂的结果[②]。伤口迅速变成信号，招来大群觅食或者寻找温暖潮湿的产卵地的昆虫（比如螺旋蝇）。根据芬顿的观点，食虫蝙蝠在伤口处摄食时可能会吸收额外的来自受伤动物血肉的养料，之后，这些原始吸血动物就变得只吸食血液了。芬顿引用牛椋鸟（*Buphagus*，一种非洲鸟类，与常见的八哥有亲缘关系）的摄食行为来佐证他的观点。牛椋鸟搜索大型哺乳动物的皮外寄生物，如蜱，据说同时也食用伤口和溃疡。相似地，某种地雀属的鸟类（*Geospiza*）在加拉巴哥岛龟（Galápagos tortoises）身上捉蜱，龟抬起它们巨大的身体，尽量伸展四肢，好让这小巧的鸟能尽情摄食那些吸饱血的害虫。

不管怎样，我对摄食伤口的假说还是存疑。这个假说提出，吸血蝙蝠在面对环境压力时逐步进化，但这种进化看起来似乎与这种

① M. Brock Fenton, "Wounds and the Origin of Blood-Feeding in Bats," *Biological Journal of the Linnean Society* 47 (1992):161-171.

② A. R. E. 刘易斯告诉芬顿，他在坦桑尼亚的研究发现，大约10%的非洲水牛（*Syncercas caffer*）身上都有被狮子攻击留下的伤疤。

行为的发展相悖。潜在的猎物不仅会受到伤害，而且它们一般体形庞大，行动迟缓。脊椎动物的血液主要由水和蛋白质组成，而吸血蝙蝠不能像非吸血哺乳动物那样储存能量（比如利用脂肪），这就使得吸血蝙蝠每晚会消耗掉约等于自身体重一半的血液量。如果不能及时进食，它们两到三天就会饿死。所以说它们活得颇为艰难——研究表明，吸血蝙蝠（特别是年轻个体）每三晚就会有一晚猎食失败，也就是没有吸到血。假设要求猎物有现存的开放性创口，我估计这个数据将会高得离谱。同样重要的是，事实上也并没有现存的蝙蝠（就此而言，也没有哺乳动物）在非致命伤口处摄食。

很难想象，是什么驱使原始吸血蝙蝠放弃摄食昆虫的生活方式改为依靠在晚上追寻大型受伤动物来摄食。我不太相信选择的压力会导致这种行为转变。正如下文所见，摄食伤口假说也摆在现代吸血蝙蝠的行为面前（很遗憾），因为这些蝙蝠每晚只能花少量时间觅食。最后一点，回声定位能力（在吸血蝙蝠及其近缘类群身上高度进化）对从健康的猎物中分辨出伤者毫无用处。

食果动物假说认为，用于戳穿厚果皮的门齿进化成食果的原始吸血蝙蝠刀状的牙齿，这种牙齿也是现代吸血蝙蝠的特征。那些提出这个可供选择的方案的人绝口不提如何，以及为什么会发生从水果到血液的转变，有关这一假说的研究进展仍停滞不前。

有些评论家否定食果动物假说，因为旧大陆的食果蝙蝠[1]虽然也拥有巨大的上门齿，却从未进化。这一推理类似于否定伤口假说，基于皮外生物的世界性分布，难以解释为什么吸血蝙蝠没有在世界范围内有所分布。这些争论都功亏一篑，因为他们认为进化在某种程度上是完全可预见的（即"如果新大陆的吸血蝙蝠从

---

[1] 这些蝙蝠属于狐蝠科（Pteropodidae），通常被称为"飞狐"。

食果进化成吸血，那么旧大陆上也一定会发生这样的进化"）。实际上，新大陆蝙蝠所处的可导致吸血进化的环境（栖息地、猎物、捕食者），在旧大陆蝙蝠身上完全没有用。即便那些环境再现，也不能担保吸血者就会再次进化。正如斯蒂芬·古尔德（Stephen J. Gould）在他的杰作《美妙生活》（*Wonderful Life*）中所阐述的一样[①]，如果我们能以某种方式将地球历史倒回，并让它重演，也不能保证进化的结果与现在完全一致。古尔德认为，偶然性（即偶然事件）对生物体在历史长河中存活演化起到了非凡的作用。比如，假定从未发生过因气候变迁（或在某个环节有所不同）导致北美洲的森林减少，那么很有可能，我们所知的现代马将永远不会进化出现。同样地，如果6500万年前的某颗流星与地球擦肩而过，并没有撞击现在尤卡坦半岛附近的地区，那么也许将不是人类，而是小型的似鸟龙类恐龙（Ornithomimosaurs）在消耗地球的资源了。关于吸血蝙蝠的进化，可能有很多微妙变化使旧大陆产生了吸血蝙蝠、吸血鸟类，甚至吸血的啮齿动物。无论出于何种原因，在实际存在的条件下，新大陆叶口蝠的一个群体经历了进化演变，最后成为唯一的吸血脊椎动物。

　　作为之前关于吸血蝙蝠起源的推测的备选[②]，我提出了栖息在树上摄食的假设——原始吸血蝙蝠可能使用与现在几种吸血蝙蝠差不多的方式觅食，也就是摄食树上的小型脊椎动物，比如鸟、蝙蝠、蜥蜴、啮齿类动物和有袋类动物。

[①] Stephen Jay Gould, *Wonderful Life*: *The Burgess Shale and the Nature of History* (New York, W.W. Norton, 1989).

[②] William A. Schutt, Jr., "The Chiropteran Hindlimb Morphology and the Origin of Blood Feeding in Bats," in *Bat biology and conservation*, ed. T. H. Kunz and P. Racey, 157-168 (Washington, D.C.: Smithsonian Institute Press,1998).

在这方面，白翼吸血蝠和毛腿吸血蝠都在树上狩猎，主要摄食栖息的鸟。这两种蝙蝠在解剖学和行为学上的重要差异给出了一个关于它们摄食行为进化的线索。若干原始解剖学特性表明，毛腿吸血蝠原本是栖息在树上的吸血者；还有证据指出，白翼吸血蝠最近回归到树上，是因为在那能够捕猎到鸟类，还可以减少与非常厉害的陆地猎手——吸血蝠之间的竞争[1]。

然而蝙蝠的化石记录是匮乏的，这就说明，1000万年前，恰好在吸血蝙蝠进化的时间点上，新热带地区的蝙蝠种群叶口蝠科中有着食肉的成员。那时南美洲也发生了巨大的气候变化，之前广袤的森林变成了被草原包围的隔离岛（生物避难所）。类似于北美洲马

---

① 简单地说，白翼吸血蝠有着相当强健的后肢，可以在水平地面上移动，而毛腿吸血蝠的后肢骨骼相对脆弱，具有非四足蝙蝠的典型特征。

　　　　　　　　　　　　　　　　　黑色盛宴

的进化，这些森林避难所及其周边环境可能成为了进化和变异的完美阶段性场所——这次是发生在叶口蝠中[1]。

有证据表明，至少有一种在当时生存下来的叶口蝠是食肉动物。由于体形的优势，长尾果蝠（*Notonycteris*，现已灭绝）可以在咬住并征服猎物之前悄悄地接近它；它的现代近亲，体形巨大的美洲假吸血蝠也用同样的方法捕食。长尾果蝠很有可能和其他古老的叶口蝠亲戚经历了树栖动物的渐变，像负鼠这样的有袋类、灵长类、树懒和大型鸟类，在此期间定居于树上，这些新居民（比如灵长类）对于蝙蝠来说已经大到不能用以前的攻击策略来捕食了。久而久之，有些食肉蝙蝠的隔离群体就开始了行为的转变，将这些大型动物开发成为食物来源[2]。这些原始吸血蝙蝠依旧隐秘地接近它们的蛋白质猎物，当猎物晚上睡在树枝上时，就开始咬这些大个子动物。类似于芬顿的摄食伤口假说，这些早期的原始吸血蝙蝠以被咬动物的肉和血为日常膳食。树上的动物常处于静止不动的睡觉状态，即使是在被蝙蝠咬了之后。被袭击的动物突然变换位置或者做出狂乱的动作都会引来更危险的夜间食肉动物。对于原始吸血蝙蝠来说，自然选择有助于最大化的营养摄取，减少危险和猎物逃掉的可能性。这种情况下，能造成无痛伤口的牙齿，分泌能让猎物不停流血的抗凝血剂唾液，还有在猎物栖息的树下敏捷行动的能力，都是关键的适应性改变。解剖学上的改变使它们像蜘蛛一样的陆上行动能力得到进化，就像普通吸血蝙蝠的祖先吸血蝠和白翼吸血蝠，从树上移到地上一样。这些蝙蝠极有可能已经改变了它们

---

[1] 不论被水还是被草原围绕，岛屿都是观察动物进化极好的地方。达尔文和华莱士在致力于研究岛链时分别独立钻研出"自然选择"漫长的进化机制这一概念可能并非巧合。
[2] 尚未有证据表明原始吸血蝙蝠就是长尾果蝠。

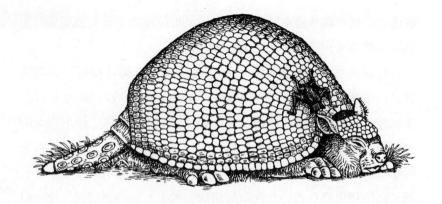

的树栖吸血技巧，开发了新的血源——陆栖脊椎动物，如浣熊科（Procyonids，浣熊和其近亲）或者像奶牛一样大的食草动物——雕齿兽（Glyptodonts，跟现代的犰狳有亲缘关系）。

事实上，这种发生在寄生生物和宿主之间（或者是捕食者和猎物之间）的共同进化是规律，而不是例外[①]。在此情形下，早期吸血蝙蝠通过开发前所未有的资源——脊椎动物的血液，完全占据了一个开放的生态位。

实际发生的事情仍然存在争议。考虑到现代吸血蝙蝠机会主义的天性，原始吸血蝠在其进化为现代吸血蝙蝠的道路上确实利用了伤口、皮外寄生物和体形较大的树栖动物，这些并非歪曲的认知。也许，吸血蝙蝠通过一个完全不同的剧本而产生，科学家们还有许

---

① 根据一些学者的研究，肉眼可见的吸血生物——正如本书中讨论的——更多地被准确定义为捕猎者而不是寄生虫。斯蒂芬·斯波蒂（Stephen Spotte）博士总结了二者的区别："寄生虫现今被定义为一种与宿主有着亲密生理学关系的生命体，例如疟原虫（*Plasmodium*）生活于蚊子的唾液腺中，一旦进入人类的血液循环系统，它就能够伪装自己——这是个非常高端的寄生策略。蚊子，在其他动物那里吸血一两分钟，就是个食血者。"最终，当使用诸如"皮外寄生物"这样的术语来防止混淆时，或者当引用谈话内容时，"寄生/宿主"和"捕食者/猎物"这类名词将贯穿本书，后者指的是其中一方在最初相遇的瞬间便被杀死的特定例子。

多未知领域，吸血蝙蝠的起源问题给更多的争论和研究留下大量空间。

有的人可能会奇怪，为什么我会为吸血的起源使用不同的词汇，比如"树栖—杂食动物假说"和非"树栖—杂食动物理论"。虽然在看似数不尽的文献中你不会注意，但在假说和理论之间却存在着专业区别。假说是真正的"最佳猜测"，基于证据的积累（一般是观察和实验数据），其出发点在于研究者试图回答学界提出的问题，比如"吸血蝙蝠如何进化"。通常来说，这些假说很快就会被更改，因为新的证据被补充进来。另一方面，理论虽然和假说的起步阶段都差不多，但是理论要强大得多——经得住时间的考验。比方说，理论认为，地球上的生命是进化而来的，而许多假说涉及的只是这些情况是怎么发生的——自然选择是这一机制的最佳佐证。

然而，化石证明吸血蝙蝠进化中至少还有另外三种吸血蝙蝠在200万～600万年前存活。有趣的是，其中至少包括两种北美洲种［吸血蝠亚科（*Desmodus archaeodaptes*）和吸血蝠科（*Desmodus stocki*）］。随着由较凉爽的夏天和较温暖的冬天过渡成现在的较炎热的夏天和较寒冷的冬天这样一个循环，这些古老的吸血蝙蝠灭绝（从加利福尼亚到佛罗里达都有分布）可能跟气候变化大有关系。在冬天和长途迁徙的过程中无法找到足够的食物，它们高度专业化的、封印在灵魂深处的吸血食性，使得它们不能储存必要的脂肪从而在冬眠中生存下来。

巨吸血蝙蝠的化石记录指出，这种生物靠吸食大型哺乳动物的血为生，比如体形巨大的地懒和更加庞大的雕齿兽。吸血蝙蝠比现代吸血蝙蝠要大得多；还有证据显示，它们一直分布到西弗吉尼亚的北部。

据推测，在晚更新世，步著名的巨型陆地动物灭绝的后尘，所有北美洲的古吸血蝙蝠也都死光了。然而，有一位吸血蝙蝠专家确信，至少有一种吸血蝙蝠曾逃出生天。

"我想大吸血蝙蝠应该还是存活的。"在波士顿某次午餐的时候格林豪尔告诉我。

"你怎么知道的？"我说，差点被三明治噎死。

他解释道，有几个人在南美洲的某些地区见到过——比如巴西的中部高原，亚马孙腹地。

"此外，"他补充道，"在现代物种的遗骸附近还没发掘出大吸血蝙蝠的骨骸。"

这些事实，与最新发现的"活化石"——腔棘鱼（coelacanth，一种肉鳍鱼类，曾被认为灭绝于6000万年前）一道，似乎给了研究吸血蝙蝠的科学家们一线曙光，大吸血蝙蝠可能仍然出没于南美洲的荒野[1]。

"但愿如此。"我回答道。

但愿如此。

---

[1] "活化石"的发现并不局限于动物世界。比如20世纪40年代，在中国发现了水杉（*Metasequoia glyptostroboides*）。

　　我喜欢夜间放牧，自从我带着一匹母马踏上潘帕斯草原，还没见过任何东西能如此迅速地使生物变得衰弱。这些大个蝙蝠中的一只，被叫做吸血鬼的，在夜色中瞄上了母马，由于它的饱食以及造成的难以愈合的血管，母马体内甚至没有足够的血液支撑它站起来了。

——布拉姆·斯托克

第三章

有人想喝饮料吗？

当我们到达屠宰场时，天色仍然很暗，但是已经有几辆车子停在这座其貌不扬的单层楼板建筑外围了。我们站在停车场里喝完热饮，几乎没有说话。忽然金属门发出巨大的声响，吓了我一跳。

"你得再来点咖啡因。"我的同伴边说边坚定地啜饮着她那杯热气腾腾的茶水。

我把杯子里剩的饮料泼在了沙砾上。

就在我们朝门走去时，咖啡的芳香被一种辛辣刺激的气味掩盖了，可能是消毒水或者别的什么，有点像金属铜的气味。

建筑里传来未知的声响，叫喊，还有一阵低沉的颤音。

屠宰场的工作日即将开始，我们没有敲门就进去了。

我的同伴是康奈尔大学的本科生金·布罗克曼（Kim Brock-mann），几个月前才认识，那会儿她刚开始在我们每周的"动物学杂志俱乐部"（Zoology Journal Club）崭露头角。一次聚会后，我询问谁有兴趣帮我照顾几只吸血蝙蝠，我将把这些蝙蝠带离特立尼达。金毫不犹豫地举起了手。现在，她把自己穿得暖暖和和以抵抗黎明前的寒冷，手里抓着六个大号塑料瓶子和一个意大利细面条滤

　　　　　　　　　　　　黑色盛宴

网。我不知道这是否就是她一直所向往的工作。

在特立尼达，由于法鲁克·穆拉达利在，每天弄到血基本上并不是什么难事，而且最近得知，他的得力助手基斯·约瑟夫（Keith Joseph），已经断断续续地饲养普通蝙蝠和白翼吸血蝠有25年了。第一次拜访法鲁克位于国家动物疾病中心的实验室时，我就对他们成功豢养活白翼吸血蝠感到大为吃惊。此前我所读到的参考资料（其中之一是与我的朋友阿瑟·格林豪尔联名发表的）都声称这些蝙蝠根本不能被长时间豢养。

"是的，我们也看过这些参考资料。"法鲁克不屑一顾地摇着手指说，"这就是人们对白翼吸血蝠知之甚少的原因之一。"

我俯身检查聚集在巨大的长方形笼子上方远角处的一群蝙蝠。它们都睡了，只有一只看着我，嘴微张，露出的锋利三角形牙齿显得尤其白。吸血蝠有着黑色的、警觉的眼睛和一副不容错认的精明样貌。金和我在之后的三年里变得极其熟悉这样的情形，它们总给我一种印象，就是它在等待我犯错误：这个错误将导致它们逃离囚禁或者狠狠地咬我一口作为对我的惩罚。

法鲁克冲笼子点点头，继续说道："吸血蝠是个不挑剔的食客。你今晚逮到了一只吸血蝠，明晚就拿牛血给它，它也非把自己撑着不可。"

我点头，回想起它们的种类名称——吸血蝠——就是源自它们有着圆圆肚子的体态。遗憾的是，自然学家若弗鲁瓦从不认为他命名它们的时候，那圆胖的腹部是由于胃肠道里充满了血液。他只要解剖一个标本，就会发现［与达尔文的朋友以及拥护者托马斯·赫胥黎（Thomas H. Huxley）一样]，普通吸血蝙蝠的食道并不是空空地像典型的哺乳动物那样直接通向胃，相反，它的食道下部以一个反转的"T"字形结束，"T"的两个分叉一边通向胃，一边通向肠[1]。此外，蝙蝠的胃也不是"J"字形（而绝大部分哺乳动物都有着"J"字形的胃），而是管状的、两端看不到头的"U"字形，差不多有与之相连的绳子样的肠的三分之二那么长。

研究者试图判定吸血蝙蝠吞咽血液的路径，结果发现这种行为非常诡异。克莱·米切尔（G. Clay Mitchell）和詹姆斯·蒂涅尔（James Tigner）的一项实验用到了加有钡剂的牛血，一台X光仪器和五只（假定是脾气暴躁的）普通吸血蝙蝠。[2]最后断定，新咽下去的血从吸血蝙蝠的嘴流到食道，然后在逐渐进入胃之前先进入了肠道。

众所周知，这些消化系统解剖生理学的变异（如同其他解剖学和行为学的适应性）与吸血蝙蝠独特的生活方式有关。其他哺乳动物的胃，主要功能是储存大量食物，连带一些分解食物的功能（即消化）。营养素或者其他物质几乎不会从胃部的内腔转移到循环系统（这个系统将营养素输送到全身）[3]。最后，通常会被忽视的消化功能（吸收）一般由小肠和大肠来执行，血管脉络负责供给和消耗。对于吸血蝙蝠来说，胃部的关键作用表现为迅速吸收水分（这些水分约占所摄取血液总量的80%）。过量的水分（再次通过循环系统）被带到肾脏，大部分转化为尿液（即水分加上溶解

---

① Thomas H. Huxley, "On the Structure of the Stomach in Desmodus Rufus," *Proceedings of the Zoological Society of London* 35(1865), 386-390.

② G. Clay Mitchell and James R. Tigner, "The Route of Ingested Blood in the Vampire Bat," *Journal of Mammalogy* 51, no. 4 (1970): 814-817.

③ 内腔是管状结构（比如胃、肠或血管）内部的空间。

了的含氮废弃产物）。如前所述，由于血液中包含微量脂肪，能量物质被储存起来以备之后使用，所以吸血蝙蝠就需要每晚喝掉相当于自身体重一半的血液[1]。突然的体重增加对于动物来说是相当危险的，尤其是那些需要瞬间起飞的动物。因此，吸血蝙蝠一个重要的适应性能力就是迅速减少体重，它们的消化和排泄系统充分反映了这一点。研究者观察了普通吸血蝙蝠的吸血过程，发现它们在结束吸血之前就开始排尿。随着肠胃向典型哺乳动物的转型，吸血蝙蝠的排泄系统也开启了进化，加强了自身能力，去配合那独特的饮食要求。

吸血蝙蝠主要从蛋白质中摄取营养素（血红蛋白和血清蛋白，如白蛋白、纤维蛋白原和球蛋白）。这些蛋白质组成的较小的子单位被称为氨基酸。对于哺乳动物来说，当这些含氮的氨基酸在消化过程中被破坏，释放出有毒化合物的氨，那么问题就来了。大多数哺乳动物的排泄系统都是通过让肝脏迅速将有毒化合物转化为含毒较少的物质——尿素来处理氨。尿素不但能较为安全地在体内循环，而且较容易作为尿液被身体排泄出去（尿素主要被水稀释，这些水由肾脏从循环的血液中提取）。

吸血蝙蝠开始吸血，肾脏随即开始生产被极端稀释的尿液，排

---

[1] 根据传奇蝙蝠生物学家威廉·威姆萨特（William A. Wimsatt）和他的技工安东尼·盖里耶（Anthony Geurriere）于1962年发表的论文，一只吸血蝙蝠每年要消耗7.3公升（15品脱）血液，以此推算，在其13年的生命中大约要喝掉25加仑血液。参见William A. Wimsatt and Anthony Geurriere, "Observations on the Feeding Capacities and Excretory Functions of Captive Vampire Bats," *Journal of Mammalogy* 43 (1962): 17-26。乔治·古德温（George Goodwin）和阿瑟·格林豪尔认为，吸血蝙蝠咬的伤口在它们吸完血之后会继续长时间流血。他们估算，每年由一只吸血蝙蝠导致的血液流失量将达到5.75加仑——比它们自身消耗的血液量多得多。参见George Goodwin and Arthur M. Greenhall, "A Review of the Bats of Trinidad and Tobago," *Bulletin of the American Museum of Natural History* 122 (1961): 187-301。

出并减重（在吸血之后的第一个小时，所吸血液中约25%以尿液的形式被排出）。然后很快，排泄系统就转化为另一套完全不同的设备。肾脏疯狂排出迅速累积的尿素，但又不能引发蝙蝠体内脱水，尿液就变得越来越浓。

由于蝙蝠需要排泄出大量的尿液，缺水是一个实际并持续存在的问题。脱水可能是限制吸血蝙蝠将活动范围延伸到那些具有很高相对湿度地区的一个关键因素，这也许是史前吸血蝙蝠在北美洲消失的另一个原因。同样地（抱歉，我不得不班门弄斧一下），吸血蝙蝠每晚只能进行相对短距离的飞行[1]，这种限制大概是由于蝙蝠在飞行中会蒸发性失水。所以，虽然有许多已知种类的蝙蝠每晚迁徙或进行长距离飞行，但吸血蝙蝠的饮食结构貌似选择了违背这些行为。

1969年，康奈尔大学吸血蝙蝠专家威姆萨特和威廉·麦克法兰（William McFarland）提出了正确的观点[2]：

> 毫无疑问，我们认为吸血蝙蝠栖息于热带地区的沙漠中。但是这个沙漠并不由环境的干旱程度来限定，而是由吸血蝙蝠的食物和行为来限定。

在吸血蝙蝠的消化系统和排泄系统中，已经存在与吸食鲜血有关的进化了的交换关系，正如在蛋白质储量的消耗上，食物处理的速度已经有所增强。这种交换关系有着生物学特征。一些生物主

---

[1] 这个限制似乎有悖于之前讨论过的"吸食伤口假说"。

[2] William N. McFarland and William A. Wimsatt, "Renal Function and its Relationship to the Ecology of the Vampire Bat, Desmodus Rotundus," *Comp. Biochem. Physiol* 28 (1970): 985-1006.

动去适应所处的不断变化的环境（比如，吸血蝙蝠能够在潮热的环境下吸血，却不能长距离迁徙或飞行）。尽管更多时候，生物其实并不能适应——就像很多食植哺乳动物在北美洲森林向草原过渡中死亡一样。虽然想想关于大规模的、神秘的大灭绝事件会更有趣（比如6500万年前发生的那次），但是绝大部分曾栖息于这个星球的物种显然正在逐渐消失，绝大多数的灭绝都伴随着啜泣，而不是咆哮。

法鲁克和我穿过吸血蝙笼子，走进一个更小的区域。像它们的"普通"表兄弟一样，所有白翼吸血蝙都睡着了，除了一只长相特别的小东西。吸血蝙的容貌硬朗、有棱有角（我一直坚持认为它们看起来颇似吸血鬼），白翼吸血蝙却使我想起吸血蝙蝠样子的毛绒玩具。它们的脸更加柔和，尖锐的棱角变平滑了，眼睛大大的，面容温和，反映了与吸血蝙解剖学上的差异。在与白翼吸血蝙打交道的三年里，它们从未想要咬我，一次也没有。

法鲁克冲我摇摇手指，然后继续他的教学："现在，如果你把一碟牛血从新逮到的白翼吸血蝙面前端走，不出两个晚上你就得替它们收尸。"

我很快意识到法鲁克的"秘诀"就是每天晚上亲手用注射器将

5毫升牛血喂给新逮到的白翼吸血蝠。如果蝙蝠拒绝食用，他不会强求，而是趁此机会给蝙蝠提供活鸡。如此经过几周，即便是最挑剔的"宝贝"也会学会规矩，这样很快就可以喂给它们倒在冰格里的牛血。他每周给蝙蝠补充一次给养（一般是在周末），也就是喂活鸡。这个活动一般由四只饥饿的吸血蝙蝠和一只即将很快贫血而死的鸡参与。

现在真相大白了。为什么关于吸血蝙蝠99%的知识都只涉及普通吸血蝙蝠，为什么连蝙蝠专家也告诉我三种吸血蝙蝠的行为都很相似。吸血蝠能够被成功豢养将近60年，而一些个别的品种只能存活20年。除此之外，这些蝙蝠大量超出了它们的分布范围，因此相对容易捕捉（所以得名"普通"吧，我猜）。喂养它们的花费也很低廉，只要你手边有准备好的牛血作为补给。况且，它们非常有趣：有着大量独特的行为学、解剖学和生理学特征。

其他吸血蝙蝠，如毛腿吸血蝠（并不栖息在特立尼达）和它的亲戚白翼吸血蝠，在它们那个有限的范围内（相对而言）要罕见得多。它们比吸血蝠更加难以定位捕获，那些关于豢养它们困难重重的报道愈加反映了这一点。

于是，多数研究者（有些还是著名的墨西哥人和南美洲人）回避对这三种吸血蝙蝠中的另外两种进行研究工作。因此，对这些蝙蝠的研究甚少，特别是在比较解剖学和行为学这样的学科上。感谢法鲁克·穆拉达利，他宽容地允许我知道了他豢养吸血蝠的"秘密"，这扇门很快将对我所要承担的比较研究工作完全敞开。

亲手喂它们，直到它们开始狂饮牛血。在法鲁克允许我对他们团队前一晚刚抓到的一只蝙蝠这么做之前，我一直认为，这事儿特简单。我毫不犹豫地拿出多年对待动物的经验，错误地操作了注射器，牛血喷到这可怜的小东西的眼睛上。

"一定是戴了手套的缘故。"我说。

法鲁克斜了我一眼，然后笑了："对，一定是因为手套。"

这只蝙蝠很幸运，之后我操作得顺利多了。

"屠宰场的鲍勃"使我联想到患有多种抽动综合征的大力水手。正常情况下他是个友好的伙计，而且对"康奈尔二人组"每周早上五点就出现在屠宰场寻牛血的行动感到极其好笑。然而只要一看到卫生检查员，鲍勃的谈吐就马上转换成一部扫射污言秽语的机关枪，喷射出的猥亵词句简直能让最久经沙场的码头工人像个十岁小姑娘一样脸红。对卫生检查员来说这也是个尴尬的时刻，因为这些诅咒都是冲他们来的。而且，当鲍勃咆哮的时候，他还会挥舞一个又脏又臭的物件，这东西在屠宰场行业里被称为"电击槌"。这种工具看起来像个介于十字机械钻机和警探哈里的0.44口径左轮手枪之间的仪器①。

当鲍勃把一头牛赶入"昏厥箱"（一种使在劫难逃的动物除了站着以外什么也做不了的重型、钢围栏的箱子）的时候，金和我习惯性地会往后站一站。这个过程通常于卫生检查员意识到自己还有别处要去之后马上开始。鲍勃踩着箱子底部的钢条，把电击槌的一端抵着牛

---

① 除了电击槌外，屠宰场人员使用的工具还有"大脑吸管"和"塞环膨胀器"。前者具有顾名思义的功能，而后者是查维斯（Jarvis，一个机械制造公司。——译者注）BRE-1"带环机械密封塞"。根据查维斯的网站介绍，它"在塞住的过程中减少人类的错误"（对我们中的大多数人来说是个大问题，特别是喝到微醺之后）。家禽屠宰场人员也不甘示弱地挥舞着自家噪声大作的齿轮，有条不紊地用工具把鸡变成鸡块，这些工具包括"精挑细选切割器""肺枪"和"排泄孔切割器"（这些工具在大规模的火鸡加工中逐渐流行起来，特别是感恩节前后，它们作为礼物很受欢迎）。

头骨上由牛双角的根部和两只眼睛所形成的"X"形交叉点。鲍勃好像总是从容不迫、干净漂亮地一击完成，绝不会"追着牛头跑"。

电击槌猛烈震荡的冲击所发出的声音就像一把小口径手枪在封闭的房间内开火一样（某种程度上来说跟开一枪也差不多了）。按照常规，结果立现。牛瘫倒在地，头被钢制插销穿透，这种插销还能缩回到器械中去。

鲍勃弯下腰，触摸牛的角膜检查眼反射。任何类似眨眼的行为都意味着牛并没有真正被弄死，虽然在造访屠宰场的三年里我们从未遇见过这样的情况[①]。在确认这庞大的动物已不能死而复生，鲍勃灵活地攀入铁箱子，消失在牛身后。

"我工作中最危险的部分，"从牛臀部的后边某个地方传来他低沉的声音，"就是如果这些牛还有意识。"

"那是当然。"我说，终于可以利用我在大学生涯中积累的解剖学知识了。

"一只流浪的有蹄动物把一个人的背给踢残了。"

我想象着那个画面，沉思了片刻。"够逊的。"我补充道。

我的同僚，金（她自己也是个有抱负的解剖学家）点头表示赞同："逊毙了。"

话虽如此，当鲍勃跳进箱子与一头脑子被敲坏了的牛在一起时，我仍有些坐立不安。当牛被机械化的滑轮组装置吊起，先是后肢，然后是全身，从地板上升起来，还冲着天花板摇晃着时，我才觉得真是解脱了。

---

① 考虑到牛海绵状脑病（也就是疯牛病），最近有些屠宰场已经不再使用穿透脑子的电击槌，转而使用非穿透的致昏迷槌。在《老无所依》（*No Country for Old Man*）一书中，科马克·麦卡锡（Cormac McCarthy）的死亡天使安东·奇谷尔（Anton Chigurh）却没有这样的考虑，他使用一种气压式的鲍勃电击槌解决掉猎物。

　　　　　　　　　　　　　　　　　　　黑色盛宴

一分钟之后，这死气沉沉的动物就被吊了起来，头部悬在一个巨大的塑料桶上方。然后，鲍勃熟练地操着他的片刀，割断牛的颈静脉后及时躲开，让冲劲十足的血流入蓝色容器中。

一旦牛血完全流干（也就是鲍勃开始伸手去拿"胴体劈半锯"的时候），金和我穿着雨鞋，戴着橡胶手套，把晃动着热血的桶滑到房间的另一端。就连鲍勃也厌恶地摇摇头，然后开动"解体王5000"器，开始把牛切割为易携带的碎块。

站在桶边，金和我轮流使用一个金属材质的意大利细面条滤网去搅拌血液。通过这样做，我们实际上延长了自然凝血的过程——一旦血管被切断，血液没有了限制，凝血机制就会被引发。虽然既不能阻止血液从创口处外流，也不能阻止主要血管里的血流动，但当前受到刺激的止血剂（凝血）机能会发生作用，极其有效地避免轻伤之后的过量失血。比如，一块由蝙蝠造成的草皮断块形状的伤口（直径约3毫米）预计将在一到两分钟内止血。然而，当伤口由天生的吸血一族所造成时，事实就并非如此了。进化使得这些生物的唾液中带有大量可以长达几小时干扰血液凝结的成分。最终的结果就是，吸血族能喝个饱。眼下，金和我快速用滤网搅拌正是为了暂时干扰这种凝血。

吸血蝙蝠吸食它们所咬出的伤口，用它们的舌头抽血。与普遍观点相反，它们不从猎物身上吸吮血。实际上，这里所包含的物理现象与刺络放血医师把患者的血引入毛细管的原理非常相似。基本上，这些细玻璃管因为内径很小，以至于血液和玻璃之间的引力要大于向下的重力。所以，血液自己推入到管中，并在一定程度上注满管子。

吸血蝙蝠活塞一样运动的舌头导致血液流动起来（通过毛细现象），沿着舌根处的一对细槽直接流进嘴里。蝙蝠下唇甚至有个裂

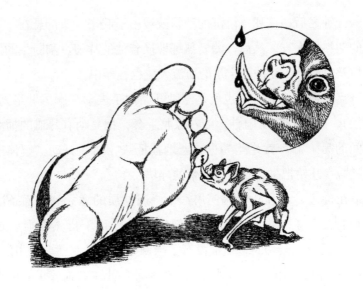

缝，下门齿中间也有个空隙促进血液流过。以这种方式吸血，唾液可直接作用于伤口处。

　　吸血蝙蝠的唾液包含多种成分来抑制机体正常的凝血机能。这样一种抗凝剂化合物，通过阻止血小板凝集在一起（这是形成栓塞并最终变成血块的重要一步）发挥作用。同时，另一种唾液成分抑制撕裂的血管收缩（减少血液流向伤口处的过程），因此也抑制了伤口的收缩。最后，其中一种酶，医学研究者将其命名为"细胞内激酶"[desmokinase，后来被叫做去氨普酶（desmoteplase）或纤溶酶原激活剂（DSPA）]，可以分解血块形成后所必需的蛋白质的结构。

　　主要因为其抗止血的属性，吸血蝙蝠唾液吸引了医学界相当多的注意，并将其作为针对某些中风症状（即血块抑制大脑血管内血液流动）的一种潜在治疗方法。在这些情况下，大脑血管中位于血块堵塞处下游的细胞会无法得到氧气和营养。如果这种阻塞持续时

黑色盛宴

间过长，细胞将坏死，它的功能也会受到损害。传统意义上，一种被叫做组织型纤溶酶原激活物（t-PA）的化合物会用于治疗中风患者。遗憾的是，t-PA必须在中风后3小时内使用才有效。因此，脑出血的风险增大，结果也导致了脑细胞死亡。由于中风患者平均需要等待12小时以上才能被送进急救病房，所以很少使用t-PA，也无法承认它对于这个国内第三大杀手病症（位列第一、第二的是心脏病和癌症）是一种有效的治疗方法。研究表明，与t-PA相比，从吸血蝙蝠身上提取的DSPA（一种强力有效的抗血凝剂）在中风发生9小时后使用仍有效，并且对脑细胞没有损害。

由于吸血蝙蝠在下口之前经常舔舐要咬的部位，因此有些人推测，它们的唾液可能含有镇痛剂，以使目标不能感知自己被咬，或者含一种软化酶，使将要下口的地方被软化。即便不含镇痛剂或者皮肤软化酶，吸血蝙蝠刀锋般的牙齿也完全能使伤口只引起猎物极少的痛感，有时甚至无痛。

一个用于消灭吸血蝙蝠的现代技术是华法令抗凝剂（anticoagulant warfarin）的使用，颇有以毒攻毒的意味。华法令提取自一种三叶草霉菌，在20世纪50年代，已经像香豆定（coumadin）一样用于交易。[1]对数以百万计容易患中风或血栓的患者来说，它（连同肝脏细胞衍生化合物——肝素）还是一种受欢迎的血液稀释剂。

被施以华法令的吸血蝙蝠可没有这样的医疗福利。用雾网捕捉到蝙蝠后，给它们涂上华法令和凡士林的混合物，然后将它们放回自己的窝。[2]因为吸血蝙蝠会花大量的时间互相整理毛，这有毒的

---

[1] Robert and Michèle Root-Bernstein, *Honey, Mud, Maggots, and Other Medical Marvels*(New York, Houghton Mifflin, 1997), 95.

[2] Rexford Lord, "Control of Vampire bats," in *Natural History of Vampire Bats*, ed. A. M. Greenhall and U. Schmidt, 217-220 (Boca Raton, Fl. CRC Press, 1988).

糊剂很快就会在栖息地的成员间传播开来，结果致命。华法令的摄入诱发大量内出血，导致蝙蝠流血而死，族群很快灭亡。

尽管有些人可能会认为，吸血蝙蝠死于抗凝血剂是种报应，但也有人可能认为这是一件残酷的事情。不管怎样，华法令糊剂肯定是逐步发展到现在的，自从消灭吸血蝙蝠的呼声越来越高，普通民众也不得不纷纷躲避着炸药、毒气和喷火器。只要吸血蝙蝠控制人员将糊剂用在正确的蝙蝠身上，那么这种根除方法对于某个物种就是相当有效的。缺点是它只在几个地方行之有效（如特立尼达），这些地方有经过训练的人员来捕捉正确的蝙蝠，从雾网上把它们解下来（这可是件苦差事），然后使用有毒的糊剂。所有这一切都必须能够熟练地完成，包括不能使蝙蝠受伤，不会被蝙蝠有力的嘴咬伤，不会把糊剂错涂在非吸血蝙蝠的身上。

另一个吸血蝙蝠控制方法（但不那么经济适用）是给牲畜注射小剂量的抗凝血剂。[①]吸了这类牲畜的血，吸血蝙蝠与那些因梳理栖息伴侣的毛而摄入华法令糊剂的蝙蝠一样，将遭受内出血的命运。虽然这种系统性的方法不再需要捕获和正确地识别吸血蝙蝠，但是它确实需要对整个牲畜群体进行处理才会有效。

由于吸血蝙蝠的繁殖率低，这两种方法都是成功的。像绝大多数的蝙蝠一样，吸血蝙蝠每年只生一只幼崽，这个数量与其他有害的哺乳动物（如啮齿动物）的繁殖速度相比，真是差距甚远，就好比没有谁生孩子的速度能快过棒球运动员嗑葵花籽一样。

---

① Rexford Lord, "Control of Vampire bats," in *Natural History of Vampire Bats*, ed. A. M. Greenhall and U. Schmidt, 219 (Boca Raton, Fl. CRC Press, 1988).

黑色盛宴

回到屠宰场后，金和我使用相同的滤网滤掉桶中固化的、奇怪的纤维状凝块，在把这些像海绵一样的团块丢进垃圾桶之前，挤出其中所含的血液。这样的乐趣大约持续15分钟后，留在桶中余温尚存的"去纤维蛋白"血液（即除去凝血因子和蛋白质组成的凝块的血液）被倒入我们带来的2加仑装的塑料容器中。通过搅拌形成血块，然后滤掉血块，这样就保证这些去了纤维蛋白的血液保持液化状态，直到被我们拿去喂给蝙蝠前都不会凝结。

　　我们当时没有意识到，在19世纪20年代到20世纪20年代之间，一种类似的方法用来在输血前将捐献的血液去除纤维蛋白。[①]在抗凝血剂作为药用之前，捐献的血液被收集在一个碗里，进行输血前，将对其进行搅拌并过滤。

　　一些研究人员使用另一种方法来帮助保存血液（为了供吸血蝙蝠食用以及其他目的），即制作"柠檬酸盐"血液——在血液中添加合成柠檬酸三钠。[②]这也能阻止血栓的形成，虽然我们从来没有使用过这个方法，但回想起来，这个方法可能会给我们抓获的吸血蝙蝠提供略微更有营养的食物。这是因为，与搅拌和过滤的方法不同，在加入柠檬酸盐的血中，凝血蛋白实际上并没有被剔除。

　　回到康奈尔大学兽医学院的实验室后，金和我将血液转移到我们之前在自助餐厅收集的几十个饮料瓶子里（当然事先已经刷好）。

---

① Bill Hayes, *Five Quarts: A Personal and Natural History of Blood* (New York: Random House, 2005), 172-173.

② Janet M. Dickson and D. G. Green, "The Vampire Bat (*Desmodus rotundus*): Improved Methods of Laboratory Care and Handling," *Laboratory Animals* 4 (1970): 40.

我们把装满血的瓶子冻了起来，每天早上解冻一个，到了晚上这瓶血液就会达到室温。晚上是我们喂食蝙蝠的时间——把血液倾入一个制冰格里，用木滑车把制冰格升高，这样栖息着的蝙蝠就不必以扭曲的姿势进食。就像法鲁克在特立尼达所做的那样，我们给白翼吸血蝠活鸡作为饮食补充（每周或每逢节假日一次）。三年后我发现，这对于饲养吸血蝙蝠真是至关重要的一个步骤。

在我将蝙蝠托付给另一个康奈尔大学的研究生（他曾计划研究蝙蝠的消化系统生理学）后不久，金疯狂地给我打电话。我发现新人不仅解除了我朋友饲养蝙蝠的工作，而且已决定停止给蝙蝠补充活鸡（老实说，这样做确实不但节省了许多开支，同时又避免了处理活鸡的麻烦）。十天内，吸血蝙蝠开始以惊人的速度死亡。在与他进行了必要的"沟通"后，他同意恢复每周的鸡肉晚宴，蝙蝠死亡的趋势立即得到了遏制。

三年里，我们喂养着一群普通蝙蝠和白翼吸血蝠，可以肯定地说，我们看到一些奇特的现象，大部分与摄食行为或栖息伙伴间的社会活动相关。[1]后来我们发现，法鲁克和特立尼达的蝙蝠工作者早已注意到了我们在康奈尔大学所观察到的现象。然而，他们没有事先公布这些信息，而让我们对此保持了新鲜感，我们很感激这些蝙蝠专家（出于某种原因）决定把我们当成伙伴和合作者。像下面这种在充满杂音的长途电话里进行的交流，曾经发生了无数次。

"什么事？"法鲁克的特立尼达口音使这话听着像"神马事"。

"法鲁克？"

---

[1] William A. Schutt Jr., Farouk Muradali, Mondol, Keith Joseph, and Kim Brockmann, "The Behavior and Maintenance of Captive White-Winged Vampire Bats," *Diaemus youngi* (Phyllostomidae: Desmodontinae). *Journal of Mammalogy* 80, no. 1(1999): 71-81.

"是我。"

"你不会相信我们刚刚看到了什么。"

一阵沉默。

"我认为白翼吸血蝠是在模仿小鸡。它们一直依偎在母鸡身旁，然后咬在母鸡胸前。真令人难以置信！"

再次沉默。

"法鲁克？"

"我在。"

"你见过这情形吗？"

"见过。咬在抱卵点上。"

"噢……酷。好吧，待会儿再跟你说。"

"好。"对方咔嗒一声挂掉了电话。

我一直认为我的朋友法鲁克是我见过的最有雅量和教养的人之一，但就他本人这个沉默寡言的性格来说……好吧，你懂的。

我和我的伙伴们从一开始也明白了，阿瑟·格林豪尔一直对不同吸血蝙蝠之间存在显著差异的观点是对的。我们发现这种变化大部分与蝙蝠倾向于哺乳动物的血液还是鸟类的血液有关。

"白翼吸血蝠不会跳跃。"法鲁克说（这话差不多等同于他的"葛底斯堡演说词"了）。当在微型测力台上进行了百来次额外的尝试后，我们不得不对此话表示同意。但这是为什么呢？

最初，我们用普通的吸血蝙蝠——吸血蝠来测试，而且在此前的研究中，我们证实了这些蝙蝠可以朝任何方向做出惊人的、特技般的跳跃。吸血蝠依靠强大的胸肌将自己推离地面，利用其细长的拇指（离开地面前的最后一个动作）跳跃到三尺高的一个精准的方向。

惊人的跳跃，再加上每秒高达2米的行进速度，使吸血蝠很适应陆地捕食。这些能力使普通吸血蝙蝠能够逃避天敌，避免它们被

相对庞大的猎物压垮，并且能吸完血后马上起飞。在大型四足动物身上吸血的能力是吸血蝠目前在种群数量和分布范围上占优势的主要原因，但这种优势十有八九是最近才崭露头角的。

　　大约500年前，吸血蝠可能都算不上"常见"的物种。事实上，除了受到气候的严格制约，蝙蝠的数量还会受到存在于某个特定区域内大型哺乳动物数量有限的制约。吸血蝙蝠很可能被迫（现在它们有时还会这样）以小型哺乳动物、鸟类和其他脊椎动物为食，比如蛇和蜥蜴。

　　然而，从16世纪初开始，欧洲人的涌入以及新的动物进入新热带区，意味着吸血蝠将与另外两种吸血蝙蝠一样发生重大的变化。突然间，庞大的可供吸血的四足动物族群如雨后春笋般涌现在可能已经荒芜了数千年的地区。此外，不仅会有很多新的动物可供捕食，而且这些"四足血袋"还被关进围栏，这使它们更易被寻找，且最终使开饭的时间前所未有地固定下来。随着越来越多的土地被开垦出来用于放牧牛群，投机取巧的吸血蝠数量暴增。牛、猪、马越多，以它们的血液为生的吸血蝙蝠的数量就越大。在开始用窗户、纱窗和保护网来隔绝蝙蝠之前的一段时间内，人类虽然不一定会被作为吸血的首选目标，但也确实给它们提供了更多的选择机会。

从新到此处的人类的立场来说，这看起来简直就像另一场瘟疫降临在他们身上，神秘的夜间袭击和被咬后传染可怕的疾病——狂犬病是最令人恐惧的。很快，吸血蝙蝠的故事，它们的血腥袭击，还有它们造成的可怕疾病，在整个欧洲四处流传，并蔓延到世界各地。仅有的一点关于蝙蝠的科学知识也由于误解和错识而变得含混不清，将关于这些生物的故事与吸血鬼小说混在一起以讹传讹，成了吸血鬼的不实传闻。

与吸血蝠不同，白翼吸血蝠（类似于长着翅膀的泰迪熊）对吸血鬼的民间传说几乎没有任何贡献。也许它们曾经动作迅速且好斗，也许它们甚至开始像那些自带弹簧的堂兄弟一样飞行。但是现在，它们的动作更谨慎且步步为营，几乎感觉不到紧迫感。当被放置在测力台表面时，白翼吸血蝠会小跳个一两下，然后赶紧跑开找一个黑暗角落躲起来。

通过观察白翼吸血蝠栖息在树上捕食，我们发现了它们不需要把自己弹射到空中的原因。白翼吸血蝠暗地里慢慢地沿着树枝自下而上接近一只休憩的鸟，每次只前进身长的距离，并且总是使自己处在与猎物之间隔着的树枝阴影中。一旦到达这个长满羽毛的餐车的正下方，白翼吸血蝠就要选择下口处，通常它会咬在鸟向后指的大脚趾处（即后趾）。这个想法颇为完美，因为比起其他三个向前指的脚趾，从这里下口更利于隐藏自身。这三种吸血蝙蝠都具有一个特点，即在选好的部位舔舐数分钟后，用锋利的牙齿造成几

乎无痛感的伤口。蝙蝠从来不会猛烈撕咬，并且通常选择鸟在栖息的树枝上略微调整位置的时候下口，这个时机似乎正好可以帮忙掩饰一些稍微不舒服的刺激的反应。悬挂在毫无戒心的猎物下方，白翼吸血蝠开始吸血，并在五分钟内排尿。通过将一只后肢向侧下方延伸，蝙蝠巧妙地避免了进食时弄脏自己的尴尬。吸食15～20分钟后，蝙蝠从树枝上松开拇指，用后肢进行短暂的悬挂，然后向下降落着进入飞行。以这种方式起飞，白翼吸血蝠完全没有必要跳跃，所以它不会跳跃，或者至少不用跳起来进入飞行状态。

许多次我们确实观察到了白翼吸血蝠在地面捕食鸟类。在寻求鸟类做晚餐的过程中，白翼吸血蝠很擅长跳跃着跑动（动作相当滑稽），并以低低的蹲伏（相对于吸血蝠及其直立的姿态来说）姿势支撑身体。这种行为并没有被公开报道，我们只是据此提出一个观点：白翼吸血蝠回到了树上，从而避免与它的堂兄弟——地面捕食者吸血蝠进行竞争。

在喂养蝙蝠的过程中，我们偶尔记录了蝙蝠模仿小鸡接近成年鸡的诡异行为。这种情况通常发生在蝙蝠跳或爬到鸡的背上之后，

它逐渐向前移动，试图咬鸡头部后方或多肉的冠子。公鸡在这种情形下马上变得很暴躁，会把蝙蝠摇落，然后啄击它们。然而，母鸡的反应完全不同，它并不会表现出被惹恼了的样子，而且很快蹲伏下来，保持这个姿势直到吸血蝙蝠吸饱血后自行跳开。通过对家禽行为的小型研究我们了解到，母鸡之所以这样是源于一个完全不同的原因——这是公鸡和母鸡交配时的典型姿势。

白翼吸血蝠与吸血蝠、毛腿吸血蝠的另一个区别在于位于嘴部后方一对杯状的口腔腺。当白翼吸血蝠（据观察，在支配等级行为中）情绪低落，腺体会比较靠前，当它张开嘴时能很容易看到腺体。实际上，白翼吸血蝠会发出一种奇怪的咝咝的声音，同时从口腔腺排放出麝香气味的喷雾状液体。虽然还有待详细研究，但白翼吸血蝠的口腔腺似乎表现出了自卫的功能（类似臭鼬的气味腺），还作为一种交流的方式向同类传达自己的地位、情绪和领地等信息。

除了它们以血为食的实际能力外，在吸血蝙蝠的适应性方面或许最令人着迷的就是我们在白翼吸血蝠身上唯一一次观察到的这个情形。

1984年，动物学家格里·威尔金森（Gerry Wilkinson）称，吸血蝙蝠在野外一般通过反刍血液来共享食物。[1]格里最初观察的是吸血蝠，他推断这种分享血液的行为大约75%发生在母亲和直系后代（一岁以下）之间。在其他情况下，分享也会发生在有亲戚关系或素不相识的蝙蝠之间。

格里的研究结果表明，发生这种行为有以下原因。母亲和新生幼崽之间共享血液多半是为了将营养物质和细菌转移到婴儿的消化道内。通常超过200种细菌生活在我们人类的身体里（据说在某些大学宿舍，这个数字可以达到500万）。无论如何，这些基本的微生物（称为"菌群"）都是一些生理过程中至关重要的组成部分，尤其是对消化而言。

在这方面，哺乳动物的小肠和大肠（此处的术语指的是直径而不是长度）是数十亿细菌与它们温血的宿主之间进化出若干共生关系的所在地。这些在温暖、潮湿的环境中生活并获得食物的细菌通常被称为内共生体。哺乳动物从这种关系中获得的利益包括吸收维生素B_{12}和维生素K，这是细菌所分泌的，也是其日常机能的一部分[2]。另外，原有的菌群抑制或杀死非原有的菌群，之所以能通过刺激免疫系统产生抗体来防止感染，就在于这抗体能与潜在有害的非原有菌群发生交叉反应。有蹄类动物，以及啃木头的白蚁，体内存在一定的内共生细菌使其消化道能分解纤维素，纤维素是构成植物细胞壁的结构蛋白质。这些细菌是食植动物能够消化植物结构，如叶、茎和木头的主要原因。因为我们没有这些特定的内共生细菌，所以这类"纤维"在人类体内是"穿肠而过"的。年幼的食植动物体内的菌群并不

---

[1] Gerald S. Wilkinson, "Reciprocal Food Sharing in the Vampire Bat," *Nature* 308 (1984): 181.
[2] 维生素K对凝血过程至关重要，而缺乏维生素B_{12}将损害红细胞的形成。

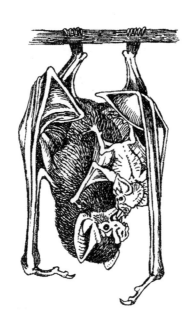

是与生俱来的，而是从成年个体（比如它们的母亲）那里通过反刍或食用它们的粪便（食粪性）获得的。出于这个原因，如果白蚁"宝宝"拒绝摄入排泄物，那么就无法消化木材并很快饿死。

在其他相关研究中，长岛大学遗传学家特德·布鲁梅尔（Ted Brummel）表明，共生细菌增加了果蝇的寿命，虽然细菌并没有明显参与到消化植物的过程中去。

在互惠的基础上，有亲缘关系和没有亲缘关系的蝙蝠之间也存在血液共享。也就是说，实验中，已经饿了一晚的蝙蝠在从另一只不相干的蝙蝠处接受了血液之后，当这只蝙蝠也挨饿的时候，它就有可能去分享血液。这种行为几乎肯定是事实，因为蝙蝠每晚都需要摄入血液（如果不能，它们将在两到三天内饿死）。所以，在它们的一生中（相当于20年），可能会有很多机会分享食物。这个现象暗示，吸血蝠会记得曾经的捐赠者，也可以识别出骗子——那些试图钻空子却很少分享血液的蝙蝠。还有一点也很有趣，虽然成年雄性蝙蝠会与雌性及其幼崽分享血液，但它们不与其他成年雄性分享。这很有道理，为什么要与一个可能和你抢夺姑娘的家伙分享食物呢？

有证据表明，毛腿吸血蝠和白翼吸血蝠也会分享血液（正如此前提到，我们在两只白翼吸血蝠之间看到过一次这种行为）[1]。然而，与格里对吸血蝠的深入研究不同，毛腿吸血蝠和白翼吸血蝠的这种行为尚未得到详细研究。

这里引出了关于原创研究的重点。我发现我在这个领域从刚开始时就得到了很多帮助。我经常建议学生去寻找科研项目来探索古典研究（如格里·威尔金森的研究），然后考虑将类似的技术应用于其他有待研究的生物。同样，如果原始的研究是几年前就完成的，而新研究者又采用了新技术或方法而不是在原地打转，那么关于这个项目的新研究很可能就会被批准发表[2]。

在结束讲述吸血蝙蝠的血腥营生之前，不妨再多说几句我之前

---

① 众所周知，这些都是"坊间观察"，具体表现为科学家们之间的互通有无（通常是内部之间），而不需要提供一些资料彼此相互评判。研究者（尽管很遗憾没有媒体方面的人）希望这种道听途说的观察（甚至试点研究）能接受怀疑论的质疑。

② 例如，许多在19世纪和20世纪初发表的解剖学论文本质上都是纯粹的描述。文中充斥着精致的插图（其中许多是手工着色的），但所附文章往往太专业，只有其他解剖学家才对此有泛泛的兴趣。如今，只为了描述而作解剖是极其罕见的。研究人员更加频繁地将研究生物体（或其某部分）的形式作为议题，并从进化与生态学、生物力学、古生物学和行为学等方面回答一系列问题。

提到的第三种吸血蝙蝠——毛腿吸血蝠。毛腿吸血蝠因其后肢长有一圈修饰的毛发而得名[1]，这能表现出这个群体最原始的解剖学特点[2]。换句话说，科学家认为毛腿吸血蝠从吸血蝙蝠祖先那里经历了最少的进化变异——无论这些变异是什么。

这种原始特征是，大多数蝙蝠（包括毛腿吸血蝠）有极细瘦的后肢骨骼（即股骨、胫骨和腓骨），所谓细瘦，是指骨骼的直径与长度相比小得多。科学家认为，这是一个与飞行有关的进化折中方案。轻薄的四肢骨骼使蝙蝠减轻了体重，这对任何"飞行员"来说都是重要因素。如果你看到蝙蝠在地上四处溜达（一般来说也并不是经常能看到），那么这种折中方案的缺点就变得很明显。在这方面，1100种蝙蝠中的大多数可以在地上笨拙地拖着脚走路，走得稍好些的也完全谈不上优雅。工程学模式表明，大多数蝙蝠后肢骨骼没有进化到能承受由行走带来的压缩负荷。我们可以证明这一点：

---

[1] Karl Koopman, "Systamatics and Distribution," in *Natural History of Vampire Bats*, 7-17.

[2] "原始"这个词不应被用于描述整个生物，而只能用于描述生物的具体特征，并且这些特征在最近没有发生进化。例如，五指是人类的原始特征，所有灵长类动物都具这一特征（即从第一个灵长类动物以来都没有发生进化）。另一方面（从字面上理解），一趾足（如马）被认为是衍生的特征，因为从原始马多趾的现象开始，其经历了相当大的进化演变。

拿一根5厘米长的生意大利细面条，用拇指和食指持住两端，然后把两根手指合在一起。这就类似将压缩负荷施用于蝙蝠后肢骨骼上。干净利落地折断了，对吗？现在，在有人踩到那些意大利面条碎屑之前，去把它们捡起来吧。

我们已知，在陆地上移动对吸血蝠和白翼吸血蝠来说不是问题。这些吸血者（吸血蝠甚至更惊人）已经可以非常熟练地在地上走、跑、跳了。

如果检查这两种蝙蝠的后肢骨，我们会发现，不足为奇的是，与毛腿吸血蝠相比，白翼吸血蝠的后肢更粗壮（即直径与长度的比更大），而吸血蝠的后肢更是粗壮得多，它们更像是长着典型蝙蝠后肢骨骼的小型陆地哺乳动物。[1]显然，随着自身变得越来越适应当前的摄食策略，即捕食大型四足动物（猪和牛），某些吸血蝙蝠进化出了更强壮的肢体骨骼。有证据表明，白翼吸血蝠曾经凭借其健壮的四肢骨成为陆地猎人，不过这种强健对于它们现在树栖的习性倒是有点画蛇添足了。另外，白翼吸血蝠可以根据需要在地面上快速移动，这样可以游刃有余地摄取食物。

另一方面，毛腿吸血蝠脆弱的后肢骨是探索蝙蝠在树上栖息觅食习惯的一条线索，即"形式反映功能"。与步行和跳跃的要求不同，摄食时不需要粗壮的肢体骨骼将身体悬挂于树枝上，因为此时骨骼（如胫骨和股骨）所荷载的是拉力而不是压力。研究人员在20世纪70年代引用工程模型来假设蝙蝠进化出悬挂的行为[2]实际上

---

[1] William A. Schutt Jr., "Chiropteran Hindlimb Morphology and the Origin of Blood Feeding in Bats," in *Bat Biology and Conservation*, ed. T. Kunz and P. Racey, 157-168 (Washington, D.C.: Smithsonian Institute Press, 1998).

[2] Dona Howell and J. Pylka, "Why Bats Hang Upside-Down: A Biomechanical Hypothesis," *Journal of Theoretical Biology* 69 (1977): 625-631.

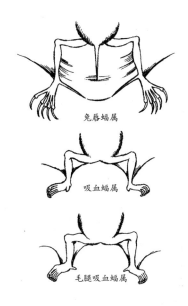

兔唇蝠属

吸血蝠属

毛腿吸血蝠属

是源于细瘦的后肢骨骼，你可以用一节短的意大利面来证明这一论点[1]。用（这次是双手的）拇指和食指，轻轻地拉一根5厘米长的面条。此时你手里的应该是一条不会断裂的意大利宽面条，除非你偶然扭曲或弯折了面条。瞧，你刚刚模拟了悬挂着的蝙蝠的后肢骨骼所遇到的拉力。

除了脆弱的后肢骨骼，毛腿吸血蝠还有另一个解剖学特征是它的表亲们所不具备的。事实上，对比所有其他动物来说，这个特性也是独有的。

许多蝙蝠身上都有个组织结构称为距（calcar）[2]，这是一种跟骨

---

① 龙佐尼9号（一种意大利面的牌子。——译者注）特别适合这个测试。
② William A. Schutt Jr. and Nancy B. Simmons. "Morphology and Homology of the Chiropteran Calcar," *Journal of Mammalian Evolution* 5, no. 1 (199): 1-32.

（calcaneus）的骨骼或软骨的扩展。因为蝙蝠具有可向后旋转180°的后肢（想象一下你的膝盖是朝后的），所以距一般指向身体中线。它的功能是加强和调整位于后肢间的尾膜的后缘。距通过阻止飞行中由于拍打而产生的额外的升力面，增加了空气动力效率。

正如我们所料，1100种蝙蝠距的大小和形状都不同。例如，兔唇蝠属（*Noctilio*）中的捕鱼蝙蝠，它的距呈巨型刀状。当它用渔叉样的后肢爪子拨开水面捕猎时，就用距来移开自己巨大的尾膜。

没有尾膜的蝙蝠就没有距，这也不足为奇，至少我是这么认为的。直到我作为一名博士后研究员，开始研究美国自然历史博物馆（American Museum of Nature History，简称AMNH）保存的毛腿吸血蝠标本。

在确定吸血蝠和白翼吸血蝠之间存在差异表现之后（"白翼吸血蝠不跳！"），我开始四处寻找这些行为差异可能反映在吸血蝙蝠解剖学上的变化。在比较三种吸血蝙蝠的后肢时，我注意到白翼吸血蝠没有距，而吸血蝠的距退化成像鳞片样的一个小块。就像我刚才说的，当你考虑到这三种吸血蝙蝠缺乏功能尾膜[①]后，这就不是什么大问题了。

毛腿吸血蝠的距则完全是另一码事。它不仅存在，而且突出来像一个小指。我立刻拿出另外几个标本，以确保我看到的不是极其古怪的个体特例。但在每个实例中我都看见了相同的指状结构。接下来，在寻找关于毛腿吸血蝠的距的线索时，我偶然发现了一则文献。文中充斥着"小但非常发达"这样的典型描述，但却仅此而已。最后，我请教了吸血蝙蝠专家斯科特·阿尔滕巴赫（Scott

---

[①] 也许缺乏尾膜是飞行效率和四肢行走之间的另一种进化权衡。很容易想象，存在于后肢间的一大片皮肤很可能会妨碍吸血蝙蝠在地上或树枝间的运动。

Altenbach），他在新墨西哥州曾经饲养过一群毛腿吸血蝠。在20世纪70年代，斯科特原来的工作是研究普通吸血蝙蝠的四足运动，后来于1993年在伊萨卡岛加入了我们的测力平台项目。

我记得类似下面的谈话，发生在另一次长途电话连线中。

"嗨，斯科特，你曾经拍摄过毛腿吸血蝠在树枝上乱爬的照片吗？"

"有的，但不是树枝。我们用的木桩。"

"那，翻翻这些照片，让我瞧瞧你的蝙蝠是不是用距来抓住木桩的。"

"什么？"

"我认为毛腿吸血蝠是把距作为第六趾在树上行动的。"

长时间的停顿。

"斯科特？"

"我在拍照。"

（快门的声音。）

基本上，我的观点有点类似大熊猫拇指的结构（参见古尔德的一篇文章）[1]。大熊猫（*Ailuropoda*）以竹叶为食，显然，在对生拇指（在其他食肉动物身上都没有）的帮助下，大熊猫能把竹叶从竹枝上剥下来。然而，解剖学家检查大熊猫时发现事情并不完全像他们看到的那样。大熊猫的拇指实际上是一块已经大幅扩展了的腕骨（径向籽骨）。这使得它有了一个新的功能——剥竹叶。

古尔德引用了大熊猫的"拇指"作为一个没有产生进化的出色实例——修改已有的东西（此处指大熊猫的径向籽骨），并使其具

---

[1] William A. Schutt Jr. and J. Scott Altenbach, "A Sixth Digit in *Diphylla ecaudata*, the Hairy-legged Vampire bat," *Mammalia* 61, no. 2 (1997): 280-285.

有新功能，而不是从头开始创建一个新的结构。

　　大熊猫奇怪的小指头也给那些支持创造论（"我们从何而来"）观点的人提出了一些令其生畏的问题。如果真的存在这么一位聪明的设计师，为什么他（或她）要给大熊猫一个临时配备的结构来从树枝上剥离树叶？为什么不给大熊猫一个真正的拇指呢？

　　回到伊萨卡（几分钟后），我接到电话："真被你说着了，比尔，我拍到了一些超赞的片子。"

　　"好极了，"我回答道，"马上发给我。"

　　斯科特的黑白照片清楚地显示爬行中的毛腿吸血蝠用它的距紧紧环绕住木桩。我立即整理出一个观点，记录这种行为，并将我的视线投向了巴西中部。由于毛腿吸血蝠并不栖息在特立尼达，我联系了巴西研究员威尔逊·尤耶达（Wilson Uieda）博士和他的同事伊凡·萨齐马（Ivan Sazima），二人都曾多年从事毛腿吸血蝠的研究。

在巴西首都巴西利亚的外围牧场，牛颇受吸血蝠困扰，威尔逊和我在日落时分架设起红外摄像机。说实话，我们无论对牛还是吸血蝠都不感兴趣，而是将相机对准了上方的无花果树树枝，黄昏后珍珠鸡将栖息在那里。

在夜幕降临几个小时后，我睡眼惺忪地盯着相机取景器，两个黑影突然飞过熟睡的鸡群。

"威尔逊，快瞧。"我低声说。

一直在旁边椅子上打盹的朋友顿时惊醒。

不到一分钟后，黑影执行了第二次空中侦察。

威尔逊小声吐出一个词："毛腿吸血蝠。"

之后几分钟我们什么也没看见，直到一对小的发光点出现在睡着的一只珍珠鸡下方。我调整相机，聚焦在反射光的那两点上。

是双眼睛!

威尔逊在屏幕上追踪着一个黑暗的轮廓，我只能分辨出毛腿吸血蝠朝下的头在珍珠鸡生满羽毛的胸部逐渐隐藏起来。

"晚餐时间到了。"他说。

"这跟白翼吸血蝠可不大一样啊。"我说道。

威尔逊报以微笑。

与其说毛腿吸血蝠是从树枝下方开始觅食，还不如说它实际上是悬挂在禽类的下方——威尔逊和他的同事在另一个地点所拍的照片清晰地表明，毛腿吸血蝠会利用对生的距攀住禽类猎物的身体。[1]与白翼吸血蝠不同的是，白翼吸血蝠一般通过咬栖息中鸟类的脚趾

---

[1] J. Moojen, "Sanguivorismo de *Diphylla ecaudata* Spix em *Gallus domesticus* (L.)," *O Campo* 10 (1939): 70.

从而摄食，而许多毛腿吸血蝠则咬在泄殖腔附近（一般会在非哺乳类脊椎动物，如鸟类的消化、泌尿、生殖道处下口）。

几天后，我们去了一个山洞，那是一小群毛腿吸血蝠的家。当三只毛腿吸血蝠穿越石头洞顶，我们再次使用红外摄像机捕捉到了它们的身影。蝙蝠不仅倒挂着走路，还会倒退着行进（这倒当真不算奇怪，因为蝙蝠膝盖是朝后的）。最独特的是，它们用后肢引导移动——像一个攀岩者使用拇指一样，在每迈出一步前，它们都要利用自己的"第六指"仔细寻找一个安全的"落脚点"。在洞顶攀爬了几分钟后，吸血蝙蝠厌烦了我们的打扰，消失在一个狭窄的缝隙中。

我兴高采烈地离开了山洞，在这个领域内的观察结果已经能够支持我的假说了。整件事以一个令人惊讶的观察为开始，在回到纽约城后，又以这样一个发现为尾声：就像大熊猫的径向籽骨一样，毛腿吸血蝠的距被赋予了一个新的角色——对生指。

　　更重要的是，虽然特立尼达岛和巴西等地的科学家多年前就已经意识到，但直到20世纪末，主流科学界才开始将这三种吸血蝙蝠看成相互独立且非常独特的不同蝙蝠。感谢法鲁克·穆拉达利、威尔逊·尤耶达和已故的阿瑟·格林豪尔等研究人员，是他们使当前对吸血蝙蝠的研究开始着眼于不同而不是假定相同。为了避免大多数人常常把各种蝙蝠混为一谈，这些科学家增加了我们的知识，并且在白翼吸血蝠和毛腿吸血蝠的处理上，将焦点从喷火器和摧毁洞穴转向了系统控制和保护工作。此外，更好地了解吸血蝙蝠有助于消除既定的对1100种非吸血蝙蝠以及一般吸血蝙蝠的讹传和误解。现在我们可以花更多的时间来理智地对待吸血蝙蝠，还有其为了适应独一无二的吸血特质所做的选择性进化，比如锋利的牙齿和唾液里的抗凝血剂。当然，血这种物质对许多生物来说是生命的源泉，但是考虑到人类对血液似乎有与生俱来的关注和厌恶的情感，我们对这种红色东西的认知（直到现在也仍然）相对缺乏，因而需要更积极地去了解吸血蝙蝠的生态学。

让血流淌

如果将现在使用的药物全部沉入海底，那将是人类之大幸，却是鱼类之大不幸。

——奥利弗·温德尔·霍姆斯

几乎所有人都死于他们的治疗方法，而非疾病本身。

——莫里哀

……就在他死前几小时，经过再三努力，（他）成功地表达了一个心愿，那就是可以不受打扰、安静地死去。

——詹姆斯·克雷克和伊莱莎·迪克医生（1799年12月31日）

第四章

80盎司血

1799年12月13日，星期五的早晨，美国第一任总统乔治·华盛顿因咽喉肿痛而醒来。前一天他在农场里骑了马，天气寒冷，雪转冰雹，还下了雨。更糟的是，他竟没有在晚餐之前换掉湿透的衣服。那一晚，他睡得很迟，看了报纸，还让私人秘书托拜厄斯·李尔（Tobias Lear）读了弗吉尼亚议会关于参议员和州长选举辩论的报告。他的声音开始变得嘶哑，但他认为这不过是普通感冒的先兆，并没有采取什么措施。

不久，马莎就看出她的丈夫有了生病的征兆，责备他不好好休息。"这已经是我不变的习惯了——永远不会把今天应该完成的任务拖到明天。"① 据说这就是华盛顿的那句名言。

12月14日，大约凌晨3点，这位开国元勋醒来，发烧、失声，伴随着呼吸困难。他们将糖浆、醋和黄油的混合物端给他饮用，但是当华盛顿想吞咽的时候却感到强烈的窒息。

---

① "The Death of George Washington, 1799," Eyewitness to History, 2001, www.eyewitnesstohistory.com.

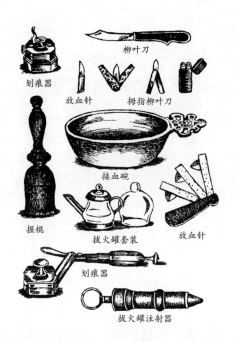

划痕器

柳叶刀

放血针　拇指柳叶刀

接血碗

握棍　　拔火罐套装　　放血针

划痕器

拔火罐注射器

　　常任医师詹姆斯·克雷克（James Craik）得到了通知，但在他到达之前，华盛顿已派人叫来他的财产监督人阿尔宾·罗林斯（Albin Rawlins），此人刚好在黎明时分出现。罗林斯的医疗经验仅来自于处理生病的家畜，但这并不能阻止华盛顿命令他来放血。虽然这看起来是个奇异的要求，但在华盛顿生活的那个年代，刺络放血，或称之为"让血管透透气"，是一个极为常见的处理方法，堪比当今随处可见的阿司匹林。尽管如此，但在总统的手臂准备好之后，罗林斯还是犹豫了。

　　"别担心。"华盛顿说，因为罗林斯对用刀切入主人的手臂忽然表现出了一些不情愿。然后，罗林斯在手臂上做了切口[1]，根据托拜

---

① George Washington: Eyewitness Account of his Death, 2003, www.doctorzebra.com/prez/z_x01death_lear_g.htm.

厄斯·李尔所说，"血流得很顺畅"。

一品脱（500多毫升）的血就这样流走了。

在殖民时期的美洲（同样在整个欧洲），一种被叫做柳叶刀的带刀工具在放血的过程中被广泛使用。柳叶刀大量生产，通常存放在华丽的盒子中。有件事可以证明这种工具的重要意义——英格兰的第一本医学杂志就是以这把刀来命名的。在手肘处打结后，用柳叶刀纵向切于血管，这样可以防止血管被切成两半。配合许多弹簧加压的机械装置（称为外科划痕器）使用，以促进牵引血液，并用专门的碗来收集血液。有些碗设计得很美观，其内部以一盎司的递增量来排列的同心环计算刻度。

华盛顿的妻子马莎看到这血淋淋的场景，立即恳求终止放血，但是她的丈夫坚持继续这样做。

"再大点，再大点。"他嚷嚷着抱怨罗林斯切的放血口不够大。

放完血，华盛顿的脖子用吸饱氨水溶液①的法兰绒包起来，双脚浸在温水里。

詹姆斯·克雷克医生已经为乔治·华盛顿服务了三十多年。那天早上9点多钟到达的时候，他马上明白自己即将处理的是种有可能致命的疾病。他在华盛顿的喉咙上放了干斑蝥②，然后让他用醋和鼠尾草茶混合的液体漱口。结果必然是可怕的。这位总统本已挣扎着呼吸，这下差不多快被这混合剂搞窒息了。慌乱的华盛顿不能吞咽，呼吸困难，克雷克医生派人又叫来了两位医师——伊莱莎·迪

---

① 一种发酵粉，又名烘焙师的阿摩尼亚或者碳酸铵。

② 由干燥粉碎的甲虫（芫菁科，Family Meloidae）尸体制成。干斑蝥是一种外部使用的天然刺激物，可导致充满血清的水疱，一度被认为可以抓住病人体内的疾病。斑蝥又称西班牙苍蝇，这些粉碎的甲虫尸体从古罗马时代就开始作为一种春药而受到热捧。实际上，摄取哪怕是小剂量的这种东西都会导致呕吐、腹痛、肾衰竭，甚至死亡。

克（Elisha Dick）医生和古斯塔夫斯·布朗（Gustavus Brown）医生。之后，克雷克给总统放了血，在11点钟又放了一次。

那天下午晚些时候，另外两个医生到达时，华盛顿已经被放血三次。华盛顿的皮肤已经发青，但对当时的医生来说，这表示他们的病人病情有所好转（忽略他不能说话以及无法吞咽或呼吸的事实）。当时的外科医生常常试图通过减少体液的容量来退烧或降低高脉搏频率。仿佛就病人的状况而言，平静、镇定和脸颊苍白总比兴奋、狂躁和脸颊绯红更好些。当时，发炎和发烧还未被公认为身体在努力对抗感染的反应，因此，患者通常都会被放血来缓解那些被认为是由"异常血管堵塞"而引发的发热、红肿和疼痛。

根据乔治·华盛顿·卡斯蒂斯（George Washington Custis）（马莎第一次婚姻所生的外孙）所说，三个内科医生做了一个简要会诊，"他们施展浑身解数，几乎用尽了平生所学"。

那么，这三位医生商定的疗程是什么？追加放血，而且病人（没有受过医疗训练的普通人）同意这么做。

又有整整一夸脱（1升多）的血液被放走，就这样，到了傍晚，乔治·华盛顿在13个小时内被放掉了80盎司血液。令在场的很多人失望的是，华盛顿的血流很微弱（他的血很稠），医生无法使他晕倒，而晕倒是绝大多数放血疗法长期追求的最佳疗效。

迅速恶化的身体状况使他痛苦不堪（据事后报道他承受着巨大的痛苦，呼吸极度困难），医生使用了甘汞，一种强力的泻药和吐酒石①。在18世纪，这些通剂和放血手法一样都普遍使用，但在这种情况下，尽管他们达到了预期结果——"从肠子排出大量排泄

_____
① 酒石酸锑和钾的混合物，常用于催吐。

　　　　　　　　　　　　　黑色盛宴

物"——但是病人的病情并没有好转。

三位医生虽很焦虑，但仍不屈不挠地进行尝试。为了将有毒的体液吸离华盛顿的喉咙，他们对他的四肢使用了起疱剂。此外，一块麦麸药糊被放置到他的脚和腿上，而且让他吸入氨和水的溶液。这位总统的病情仍继续恶化。他的主治医生有所不知，华盛顿失去了致命剂量的血液，他们给他使用的"药物治疗"通剂极有可能使他严重脱水。

在绝望中，迪克医生建议使用气管切开术（也就是后来的支气管切开术）①。这是一个相对新兴的医疗手段，有时用来治疗咽喉（喉头）被压碎时的伤口②。遗憾的是，没人认为这个过程也许能救乔治·华盛顿的命。显然，两位年长的主治医师驳回了迪克医生的建议。

回到华盛顿的床边，对所有人（包括伟人自己）来说，死亡即将临近已是不言而喻的了。根据托拜厄斯·李尔所说，至此，他的主人"虽然还能说话，但是说得极少，而且需要费好大劲儿；况且用如此低沉且破碎的声音说话，着实很难听懂"。华盛顿让他的妻子从办公桌取来两份遗嘱，然后授意她烧掉其中一份。他叫来托拜厄斯，挣扎着确认他的书信和文件是否都井井有条，以及死后他的账户将会被妥善处理。

大约10点钟，托拜厄斯弯腰凑近努力发出最后声音的乔治·华盛顿。"我快不行了，"他说，"把我体面地埋葬，我死后一定要将

---

① Oscar Reiss, *Medicine and the American Revolution* (Jefferson, N. C.: McFarland and Co., 1998), 234-235.

② 在这个手术过程中，首先在略低于喉头的下方，沿颈前正中线切开一条竖向切口；接着在气管的第三气管环处切一个半英寸长的横向切口；然后将一个小的空心插管插入切开了的气道中，并用绷带将插管固定。这种处理可以使病人在喉阻塞的时候仍然能呼吸。一旦病人恢复，即可撤掉插管，缝合伤口。

我的尸体在地下室存放至少三天。"这看似奇怪的声明或许可以解释为当时一种普遍存在的对过早埋葬的恐惧。

在托拜厄斯确定自己明白华盛顿所说的意思之后，美利坚合众国第一任总统吐出他最后的遗言："很好。"

不久之后，当时地球上最著名的男人结束了生命，"既没挣扎，也无叹息"。

乔治·华盛顿，享年67岁。

二百年后，人们仍在争论是什么特殊疾病击垮了美国国父。虽然有人认为是喉白喉或扁桃体周脓肿，但大多数专家现在相信，华盛顿得的应该是急性细菌性会厌炎（一种炎症，吞咽的时候叶形皮瓣会覆盖气管和肺的入口）。虽然在有抗生素的今天这种病很罕见，但这种疾病是潜在致命的，因为它会导致会厌肿胀，气道阻塞，无法呼吸（就像华盛顿当时那样）。

但是却没有人讨论华盛顿在13个小时内失掉了大约40%的血量这件事加速了伟人的离世。比较而言，美国红十字会一般要求人们每献血8盎司后，需间隔八个星期才可进行下一次献血，而这个量只是华盛顿过世那天被放掉的血量的十分之一。

80盎司。

"这些家伙到底在想些什么？"起初我这样问自己。

但是我现在知道自己嘲笑华盛顿的医生和他们选择的疗法确实草率了。毕竟，这些人只是试图挽救病人的生命，而且自美索不达米亚人、埃及人和古希腊人（还有玛雅人和阿兹特克人）起，放血就被公认为不仅可治疗喉咙痛，而且也可治疗许多其他疾病。

随着华盛顿的辞世，一场批评风暴接踵而至，这些评论很能说明问题。一名医生声称，应该刮华盛顿的扁桃体；而另一名医生建议，这位总统的医生应该从舌下放血，因为这个位置在解剖学上更接近病源。其他人建议用加热的鸦片酊（酒精和鸦片的混合物）按摩华盛顿的喉咙，然后在他的脖子上放一袋加热的盐。还有人坚持认为，不该给他喝甘汞，而应该让他喝一服小剂量的热乳清、鸦片酊或酒精挥发芳香剂（一种氨、碳酸钾、肉桂、丁香和柠檬皮的混合物）。

与其谴责华盛顿的主治医生，倒不如说这些生活在19世纪的、纸上谈兵的人实际上也挺无辜的。因为以当时的医疗水平，无论谁都救不了他。但更令人难以接受的是，即便乔治·华盛顿生活在下一个世纪，极有可能所得到的治疗及最后的结果（在没有抗生素的情况下）也仍是完全相同的，唯一不同的是，他的医生可能会用水蛭来吸他的血。

为什么会是这样呢？进入20世纪，每一个领域都取得了巨大的进步，可为什么著名的医生仍然要给患者放血，且常常因放得太多而致命？这种放血的做法是怎么来的？它是否真的有效？如果没有，那么为什么今天世界各地的医生仍在使用数以千计的水蛭来放血呢？

为了回答这些问题，我们暂且撇开吸血生物，先来检视一下我们关于血液和循环系统的知识（或者说，是我们目前还很缺乏的知识）。

与我们对蝙蝠的长期误解相比，有关血液和循环系统的错误信息并非始于欧洲——尽管欧洲人已被冤枉了一千多年。

古埃及人肯定有一些关于循环系统功能的模糊概念［可追溯至

公元前17～前16世纪，史密斯和埃伯斯纸草医书（Smith and Ebers papyri）中所披露的内容]。比如，他们知道，人的心脏和脉搏之间存在着某种关系。然而，他们的知识比较有限，无法区分血管、神经、肌腱和输尿管（将尿液从肾脏带到膀胱的管道）。尽管血液已被利用了起来，但还是存在对精子、尿液、眼泪和血这几种物质的混淆。例如，一些古埃及人把黑色小牛或公牛的血与油混合，然后涂在头上。为什么要这样做？当然是为了对抗白头发，在有真正的希腊人之前就存在希腊方程式44[①]。在今天听起来也许很荒谬，当时却意味着血液里有什么东西可令头发变黑。

血这个词在《圣经》中出现超过四百次[②]，就在该隐谋杀了他的弟弟亚伯之后，《旧约》（《创世记》4：10）第一次提到了这个词："耶和华说：'你做了什么？你弟弟的血从地里向我哭喊。'"之后，一段更重要的关于血液的章节出现在《创世记》9：6："凡使他人流血者，必被他人所流血。"

由于古希伯来人认为血液中住着圣灵，杀死某人通常指的是血液流溅或浴血。[③]可以说，这大概是我们能够对别人所做的最残忍的事。这事看起来是那么严重，以至于犯了错的人会被要求血债血偿，加倍奉还。

在《旧约》中血又突然蹦出来，在《创世记》9：3-4中，神对诺亚说："所有活着的动物都可做你们的食物；就像我给了你们绿色植物一样，我给了你们一切。唯独一样不可以吃，那就是带血的肉。"（作者注：这一段紧接在上帝那流传最广的命令——诺亚和他

---

① 一种染发剂。——译者注

② Douglas Starr, *Blood: An Epic History of Medicine and Commerce* (New York: Knopf, 1998), xiv.

③ Kenneth Walker, *The Story of Blood* (New York: Philosophical Library, 1962), 20-22.

的儿子们将"多子多孙"之后。)

生命本身存在于血液中，这一概念似乎导致人们在屠宰动物并将其作为食物吃掉之前，先抽干动物的血[1]。显然，放血这一行为减轻了人类吃掉其他生灵的罪恶感，因为在血液完全凝结之前，放血可以使灵魂从红色胶质中逃逸。我提到过的吧，如果你正在寻找一种方法来喂养你的吸血蝙蝠小团队，这个方法也能派上用场。

并非只有在希伯来人的信仰中血是一种特殊的液体，也并非只有他们花了相当多的时间和精力在这些信仰上。这种液体如此重要，以至于许多文化认为供奉血液是救赎个人罪行、向上帝或神致敬、治愈自身病痛的终极方法（巴托里伯爵夫人就是最后一种的极端例子）。人们惯用动物来供奉，小牛较为常见，可能因为它们容易掌控，而且流出的血可以覆盖祭坛表面的大部分。但在绝大多数情况下，人类的血液被认为是终极的牺牲，无论是为了赎罪、报复、敬神还是治病。

关于血液和循环系统的科学知识，说得委婉些，真是发展得太慢了。恕我直言，大部分早期的知识真是错得离谱，然而却莫名其妙地贻害了医学领域两千多年。下面细细道来。

大约在公元前400年，希波克拉底提出人体包含四种被称为体液的物质：黑胆汁、黄胆汁（或胆汁）、黏液和血液（他还提出了许多学说）。四种体液平衡时，人就会保持健康；任何一种体液失衡，都会导致疾病、痛苦和绝望。因此，对于古希腊人来说，血液

---

[1] 禁止吃血也出现在《圣经》的其他章节中，如《利未记》7：26-27："而且，无论动物还是家禽的血，不管在哪里居住，你都不可以吃血。谁吃血，那人必从自己的族人中被剪除。"

的量决定着一个人的健康①。饥饿、呕吐、出血被用于治疗可感知的体液过多，这倒也不足为奇，但当有些病人需要增加体液水平的时候，他们就会被要求摄入大量东西。

比希波克拉底晚600年的克劳迪斯·盖伦（Claudius Galenus，他名字的英文写法Galen更广为人知）认为，体液失衡不仅能用来解释人们是如何生病的，而且还解释了人们是如何形成他们的个性的。例如，过多的黏液导致个体缺乏情感，性格冷漠；过多的血液导致乐观或无忧无虑的气质。在这种情况下，流鼻血、痔疮和月经被看成是可以使身体恢复正常血液水平的现象。

盖伦出生在一个富裕的建筑师家庭，早年曾在土耳其帕加马城的角斗士学校行医，在那里见过人体解剖，将伤口视为"进入体内的窗口"。公元160年，32岁的盖伦移居罗马，但罗马禁止人体解剖，这就意味着他永远无法探索"窗口"的另一边是什么。盖伦退而求其次，通过解剖动物，如猕猴（一种旧大陆猴子）、猪和山羊来推测人类的情况。这些动物经常在公开场合被活着解剖，而盖伦"手拿内脏"的公众形象也使他广受欢迎。遗憾的是，虽然盖伦的解剖使他有别于传统医生（那些人明显缺乏实战经验），但他过于依赖推理、猜测和主观想象，往往导致这些结论应用到人体上时就完全不对路了。

盖伦最终成为皇帝马可·奥里利乌斯（Marcus Aurelius）及其儿子科莫多斯（Commodus）的私人医生②。虽然比起循环系统，盖伦对中枢神经系统更感兴趣，但他还是证明了，是血液而不是灵魂

---

① 我们现在知道了，很多情况下由血液中是否存在病原体（即导致有机体发病的成因）来确定一个人是否健康。

② 在雷德利·斯科特（Ridley Scott）的电影《角斗士》（Gladiator）中，出演此角的演员杰昆·菲尼克斯（Joaquin Phoenix）的扮相颇为抢眼。

　　　　　　　　　　　　　　　　　黑色盛宴

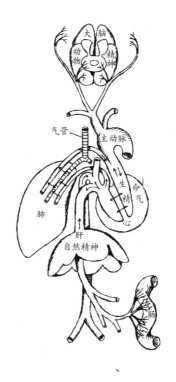

（古希腊人臆想出来的类似空气的精神实质）在动脉中流淌。

　　另外，盖伦并没有真正的血液循环概念。他认为，血液像潮汐一样起落消长，静脉血液来自肝脏并返回肝脏[①]。由于不愿放弃灵魂的观念，盖伦宣称，心脏中的血液从隐形毛孔中穿过，这些毛孔存在于将心脏里房间样的心室分隔开的壁上。与灵魂混合后，血液会流向身体各处。

　　当然，说到循环系统基本的走向，指出动脉所携带的是血液而不是空气这一点非常重要，但盖伦那漏洞百出的人体解剖学和生理学的概念对医学领域产生了严重且持久的影响，尤其是在循环系统

---

① 肝脏的一个功能被认为是将食物的微小颗粒转化为血液。

方面。如前所述，盖伦对人体的总体思想基本上是对古希腊人提出的设想的一般性拓展，且这些满是谬误的观点在医学领域完全占据了主导地位。盖伦所推广的医学和解剖学不仅普及了1500年，而且目前仍然未受到挑战。据《五夸脱——血液史和自然史》（*Five Quarts – A Personal and Natural History of Blood*）的作者比尔·海耶斯（Bill Hayes）所说："在中世纪早期，教会领袖声称他的工作是神圣的，因此他是绝对可靠的。"在任何给定的医疗话题上，"神圣盖伦"的门徒并不做实验或解剖标本（他们可不会去惹恼教会招来杀身之祸），而只是遵从已逝的大师和他的立场而已，其他多余的行为都是对神明的亵渎。

　　放血是如何成为一种流行的治疗手段的？是什么迫使当时最博学的医生抽取病人的血，直到他们变得冰凉、苍白、失去知觉？

　　在古代，出血被认为可以驱散身体中的恶灵。此后，一旦平衡体液成为公认的概念，定期有计划地来一次放血，大概就跟当今均衡的饮食和锻炼一样值得赞扬。举个例子，发烧和头痛被认为是血液量过多的症状［多血症（plethoras）］，会被要求立即排液。盖伦认为血液是四种体液中最重要的一种（不知是否有人会对此表示震惊，在这场竞争评选中，血液不但击败了胆汁，还击败了香烟爱好者最喜欢的黏痰）。他利用他的知识和技能写了一系列书，彻底击败了他的批评者，尤其是那些谴责他放血技术的人。

　　在盖伦之后，血液作为一种体液，其重要性被赋予了更多的含义（特别是当人们断定黑色胆汁有点小问题——其实这问题并不存

　　　　　　　　　　　　　　黑色盛宴

在①）。另外，血是真实的，可以用多种方法令其流出。盖伦和他那个时代的人使用一种被称为phlebotomy（来自希腊语中的"脉"和"切"）的金属手术刀②来做一个小的静脉切口，从切口处抽走一品脱左右的血。有经验的医生根据季节、潮汐和天气等参数，绘制了复杂的图表来计算血量③。同样，希伯来人和基督教也规定了哪些天最适于放血。

大多数关于哺乳动物的文献资料都循环往复地强调威廉·哈维（William Harvey）的工作。此人活跃于17世纪早期，他用科学的方法证明了血液并不像潮汐那样涨落。相反，心脏将血液泵入全身的两个循环系统中，一个从肺经过并回流（肺循环），另一个供应身体及其组织（系统循环）④。在哈维发现之前，普遍的观点认为是携带病毒的"坏血"灌入四肢并使人反应迟缓，因此放血是一种消除污秽的方法。悲催的是乔治·华盛顿（以及无数其他病人），他们的医生误以为被抽走的大量血会在几个小时内很快被新的、健康的东西所替代。克雷克医生和他的同事们永远不会知道，事情真的并非如此。

从17世纪开始，放血一般就不由内科医生或外科医生来执行了（这两种医生是主治医生中排名前两位的级别）。像放血治疗、用水蛭吸血，甚至小的外科手术通常由医务人员中的下层阶级来执行，比如兼做外科医师和牙医的理发师（比助产员要高两个级别）。这

---

① 黑色胆汁可能是由脾分泌出来的，除此之外，它还被认为负责给身体产生的黑色物质着色，如血液和粪便。不同级别的黑色胆汁也被用来解释为什么有些人皮肤颜色更深。

② Bill Hayes, *Five Quarts: A Personal and Natural History of Blood* (New York: Random House, 2005):172-173.

③ 1462年，放血日历是由约翰·古腾堡（Johann Gutenberg）发明的具有革命性的大规模印刷的第二本医学课本。大约是在古腾堡印刷第一本《圣经》的八年后。参见Starr, *Blood: An Epic History of Medicine and Commerce*，19。

④ 鲜为人知的是，阿拉伯医生伊本·纳菲斯（Ibn al-Nafis，1213~1288）早在四百年前就大致描述了这种双重循环泵。

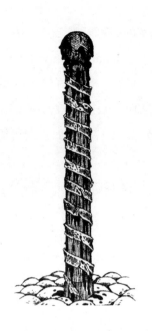

类兼职医师都是中世纪在公共澡堂里做苦工的搓澡人的后裔。兼职医师和搓澡工的工作都包括剃须、理发、给病人放血、施行灌肠和换绷带。在战争期间，一些兼职医师还会随军，处理骨折和弹伤，他们成为首批军事外科医生。回到家，他们在门外竖起旋转条纹彩柱，广而告之他们的才能——红色条纹代表血，蓝色条纹代表静脉，白色条纹代表用来止血的纱布绷带。彩柱本身就是个标志，代表病人被放血时手里紧抓的那根棍子，柱顶的球代表收集血液的盆（以及用来装蚂蟥的容器）。

兼职医师的"静脉呼吸"法可处理所有严重疾病和各种小毛病，从哮喘、骨折到醉酒、肺炎。女人被放血以减少月经，"疯子"被抽血来治疗精神疾病，甚至溺水者都被放了血[1]！

---

① Wendy Moore, *The Knife Man* (New York: Broadway Books, 2005), 187-188.

黑色盛宴

在现代，我们几乎每天都能目睹非凡的医学进步，却很容易忽略一个事实，那就是在许多方面，医学研究从古希腊开始直到20世纪20年代是相对停滞的。

在这个过程中，曾经有一位医生，为了重振实验医学而努力，他就是安德雷亚斯·维萨里（Andreas Vesalius）。他出生于比利时一个医生世家，1537年从帕多瓦大学得到博士学位后，很快成为手术和解剖学教授。这所大学和其他早期医学院校一样，盖伦的大量著作是所有课程和教学大纲的基础。但是维萨里并没有盲目接受盖伦那老生常谈的教义，而是启用了新的冒险的方法。他在教室里进行解剖，并向学生宣扬亲身实践的方法。凑巧，当时有位赞同维萨里的法官许可他使用死刑犯的尸体。这位年轻的解剖学家不仅研究解剖学，而且还制作出了一系列引人注目的高度详细的解剖图，并收入他的七卷本著作《人体的构造》（*On the Fabric of the Human Body*）中。这是部杰出的作品，它将盖伦不准确的、错误的解剖学观点像钉帐篷桩一样钉到了地面上。利用尸体解剖，维萨里反驳了盖伦对于心脏里隐形毛孔的概念。他还展示了人类的心脏有四个腔室（而不是三个），身体里主要血管的一半并不来源于肝脏。此外，维萨里还清楚地证明，肝脏本身并不像盖伦声称的那样是具有五片叶的器官。

维萨里（当时还不到30岁）令很多盖伦的亲信颇为反感，这也情有可原，因为那么多长期奉行的大师的主张都被废除了。一个愤怒的"盖伦粉儿"甚至发表论文宣称维萨里的工作并不能证明盖伦是错的，而只能表明，人体自盖伦的时代起发生了改变。

维萨里死于1564年，也就是在他乘船去圣地朝圣归来后。他长期被谣言缠身，不得不逃往中东以躲避宗教法庭——自从一次在解剖尸体的时候，死者的心脏突然开始跳动，他就已名誉扫地。

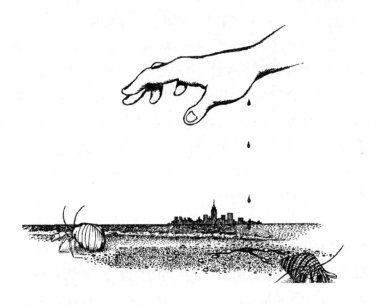

血是一种非常特殊的汁液。

——靡菲斯特对浮士德如是说

第五章
红色的家伙

在我10岁那年，有一天，我在长岛南部海岸的海滩中随意拨拉时，手腕被一片金属割伤了。我记得自己静静地、出神地盯着血液从一厘米多长的伤口处汩汩流出，顺着我的胳膊往下淌。

我的母亲一直站在附近和罗丝阿姨抽烟，但她马上跑到我身后看我在做什么。（我想，自己在那儿蹲了将近一分钟没动地方，这在母亲看来已相当可疑。）

"你傻了吗？"她尖叫一声，差点把我吓得坐个屁蹲儿。

"哎哟！"我叫道。

我立即意识到必须息事宁人，于是指着自己受伤的手腕，愉悦地说："并不疼，妈妈。"

"你真是脑子坏掉了。"母亲尖声叫着，抓着我没流血的手臂，拖着我向罗丝阿姨走去。

这可不妙啊，我想。

我得说明一下，当我还是个孩子的时候，我好像有八个罗丝阿姨。可以想象，把她们区分开是多么令人为难的事情（"那是罗丝·迪曼戈阿姨，不是罗丝·迪都纳特阿姨！"）。因此，受《彼得森野外指南》(*Peterson Field Guide*) 系列的启发，我通过开发了一套基于"总身长"和"面痣分布"这些可识别的局部特征（我的独创）来解决这个问题。在这群罗丝阿姨中，身高从"儿童友好型"的1.4米左右到塔一样高的1.6米多都有。眼下这位罗丝阿姨中等身材，然而很容易被识别，因为她有一只迷你贵宾犬"菲菲"，以及她具有独特的天赋，能将肢体语言和咒骂结合为一种对意大利舞蹈的诠释。当母亲把我拖向人行道时，一边流血一边耳朵被拧着的我没法不注意到，这位阿姨已经在做一些先发制人的手势了（食指对着太阳穴，拇指朝天）。

我不记得太多关于清理伤口的细节，我唯独记得罗丝阿姨家浴室里的一个雕像上都是血。"格蕾丝，这熊孩子把血喷得圣母像全身都是！"她尖叫着。

许多人一如既往地对血着迷，但也有一些人（比如我妈和至少五个罗丝阿姨），我不知该如何形容……反正不怎么感兴趣。但不管是着迷还是排斥，作为孩子，在20世纪60年代，我们都开始目睹越来越多的红色东西。肯尼迪总统和他的哥哥罗伯特·肯尼迪参议员遭暗杀，肯特州立大学的学生死亡事件，还有杀人犯曼森（Manson），这些消息传入我家，恐怖画面历历在目。从越南战场上传回的新闻镜头与电影完全不是一码事。在山姆·佩金法（Sam Peckinpah）的《日落黄沙》(*Wild Bunch*) 和阿瑟·佩恩（Arthur Penn）的《雌雄大盗》(*Bonnie and Clyde*) 中有大肆渲染的、慢镜头播放的爆炸、火焰、彩色炮，而在真正的战场上，可没有这样的艺术效果。

　　　　　　　　黑色盛宴

40年前，看到满眼红色会让人震惊。今天，我们中的一些人仍然排斥血。有些人会对血产生兴奋，想想电影《电锯惊魂》（Saw）堆积如山的票房；还有一些人已经适应了血，就像我们的身体学会对无关紧要的刺激不做反应，（比如一旦穿上袜子，你就感觉不到它的存在了，不是吗？）我们相应降低了对血液的敏感度，已经适应了目睹血液。

血，到底是什么呢？答案之一：它是这本书中所讲的生物的食物。因此，我觉得走点弯路先对它进行一些探索，也并没有什么不好。

解剖学家可能会将血液描述为一种结缔组织，就像骨骼、软骨、肌腱和韧带一样。糊涂了？没关系，一旦理解了什么是正式的结缔组织，就清楚了。组织是不同类型细胞的积累（还有细胞间质，也就是围绕着细胞的非细胞物质）。在组织层次上，它们是等级阶梯上的一个层位，赋予生物各种特征。在这方面，组织比细胞等级高，比器官等级低——器官由几个不同的组织构成。就这个层级扩展一点来说，一些器官合作形成一个系统，系统之间相结合形成一个有机体。在这个阶梯的反方向上，细胞由被称为细胞器（如再三强调的"线粒体"）的子单位组成，细胞器由像蛋白质和脂类这样的生化单元构成。以此类推。

现在，回到组织这个话题。

组织的下一个需求是其细胞在某些特定的功能下能合作共事。例如，神经组织是由神经元和神经胶质细胞的支持团队组成，每个都以特定的方式对神经系统的运行做出贡献[①]。

结缔组织的特点是由相对少量的，被大量非细胞基质包围的细胞所组成。因此，结缔组织细胞一般不互相接触。可以把它们想象成是墙上的砖，基质是围绕着它们的灰泥浆，使它们结合在一起。基质同时也赋予了结缔组织物理属性。例如，骨骼硬度来自骨基质钙化，而不是来自骨细胞（osteocytes）本身[②]。

在血液中，基质被称为血浆，它既不是固体也不是凝胶，而是一种液体（主要由水组成）。这个属性功能的重要性，与硬度、灵活性和力量对于其他类型的结缔组织的重要性是一样的。原因在于，血浆充当血细胞的传输媒介，同时，被称为血小板的微小细胞碎片也帮助血液凝固。此外，血浆还输送许多溶解状态下的其他重要物质，如营养物质、维生素、激素、废物、气体和离子。

由肌肉强劲的左心室泵出血液在血管内流过，对血管内部产生的力被称为血压。当左心室收缩，排出动脉血时，血压升高。这在标准血压测量中产生了较高的数字（也就是我们通常所说的心缩压）。当左心室被放空、舒展并开始再次填满血液，此时血压下降，产生较低的心舒压[③]。

随着动脉血临近目的地，血液从动脉流向小动脉，最后流向无数用显微镜才能看见的极小极薄的毛细血管。这些迷你血管形成致

---

① 除了连接物和神经组织，还有另外两个组织类型：上皮组织——覆盖表面和线条空心结构；肌肉组织——具有独特的能力来存储化学能量，然后，随着组织收缩成一定的大小，把化学能量转换成运动能量。

② 软骨的灵活性（另一种结缔组织），来自一种凝胶状基质（主要是包含可以弯曲的蛋白质纤维的骨基质，而不是钙和矿物盐）。肌腱和韧带（分别将肌肉与骨骼以及骨骼之间相连接）也是组成结缔组织的结构，它们从嵌入基质的结实的线状纤维那里得到能量。

③ 与其他的压力测试一样（如气压），可用毫米汞柱（mm Hg）测量血压，因此心缩压110代表了应用于血管内壁的力相当于一个可以将细汞柱提高110毫米的力（该汞柱处于水平放置的"U"形玻璃管中）。

　　　　　　　　　　　　黑色盛宴

密的网状层围绕着器官和其他结构。随着血液流向的血管越来越小，血压明显下降。要想了解这种压力下降是如何发生的，可以想象一下水穿过花园浇水用的软管的情景。软管远端开始分成越来越小的管，每个管又一次分裂，直到软管最终被分为100万个迷你分支。水的压力在其中任何一个分支里都远远低于原来的压力，因为（与原来软管里的面积相比）数以百万计的分支管的内面积总和大得惊人。这也就是为什么如果大家在同一时间洗澡，水压会下降的原因。

但是这些低压毛细血管不仅极小，而且壁也很薄，一旦血液到达目的地，血浆中包含的养分和氧气就可以直接通过毛细血管壁扩散出去供给周围的组织和细胞[①]。

细胞代谢物和二氧化碳通过同样的过程反方向移动（从组织流入血液）。一旦进入毛细血管内，它们就开始了回到心脏的旅程，通过越来越大的血管（由小静脉通往静脉）进入右心房。遗憾的是，这种低压血液有时很难从腿和脚这样的部位返回心脏——因为它必须克服相当大的重力。在正常情况下，静脉回流有赖于一系列的单向阀门和所谓的骨骼肌肉泵。在类似小腿肌肉这样的部位，下意识的肌肉收缩会挤压穿过肌肉的静脉。被压缩的血管内的低压血液反重力急速上升并回流向心脏，而瓣膜则防止血液回流向脚。你可以通过盘腿坐下并观察你的小腿肌肉来真切地看到全过程，你所看到的不规则的颤搐就是骨骼肌肉泵在工作。

[①] 氧气（实际上血红细胞内部携带的）和营养以一种叫做"遵循浓度梯度"的方式扩散，从（血液）浓度高的地方向浓度低的地方（如缺乏氧气和营养的组织和细胞）移动。

与大型的复杂生物（比如人类）不同，微生物没有血液或复杂的循环系统（而且它们也没有器官或器官系统）。与这个星球上大多数物种相比，它们通常要简单得多。

  想象一下，对于一个单细胞变形虫来说，与外界环境交换气体是件多么容易的事。只有一个细胞需要供给，氧气和其他摄入的物质可以直接从环境中获得。尽管其中有些运输需要消耗能量，但在许多情况下，摄入和排出的物质和气体，只需遵循浓度梯度，穿过生物体的薄细胞膜即可。现在，再想象一个生物，形状像一个球，由成千上万的细胞组成，以球心为中心的细胞要如何得到它们所需的营养和氧气，或排除代谢废弃物呢？虽然你会想出很多可行的方法，但真正的解决方案是，地球上许多生物进化出了一个肌肉泵（心脏），一个非常复杂的血管运输系统和一种独特的、通用的内部运行组织：血液。

  在惊叹我们的循环系统有多酷之前，你应该知道，有一些相对较大的生物虽然没有复杂的循环系统，却也生活得很好。例如，昆虫的低压系统被称为"开放循环系统"，因为它们的身体和心脏之间并没有形成一个完全封闭的循环。血淋巴（相当于节肢动物的血）通过一系列类似心脏的背泵和昆虫身体的运动来流通，穿过血管最终流向血腔。在这里，内部器官沐浴在丰富的营养液中，最终，营养液被过滤、渗出、回收并通过微小的心孔（ostia）重新进入心脏中。

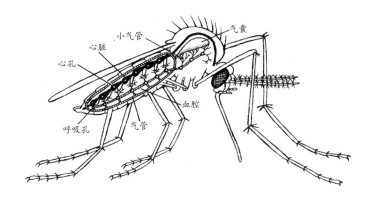

心脏　小气管　　　　气囊
心孔
血腔
呼吸孔　气管

关键问题是，与脊椎动物不同，昆虫的循环系统不参与运输氧气和二氧化碳等气体，也不与身体组织交换这些气体①。一只蚊子需要通过胸腔和腹部两边的一系列开口（呼吸孔）来获得氧气。空气从外部环境流入呼吸孔（这个孔也可关闭以防水分流失），然后再进入一个复杂的导管，即气管；导管变得越来越小，最终的分支被称为细管（trachioles），空气通过这些细管最后到达需要供给的组织和细胞。

该系统非常适合小型生物，但也具有局限性。例如，气管呼吸可能是蚊子（以及其他昆虫，如臭虫）没有长得更大的一个关键原因。而大型动物是由许多这类细胞组成，这些细胞由这种类型的呼吸系统高效供给。

有些人可能会问："等一下，那些老照片中，长着将近一米翼展的蜻蜓，怎么解释？它们是如何获得足够氧气的？"

答案是，有证据表明，从石炭纪（距今3.6亿～2.9亿年）起，广

---

① 与脊椎动物的血液一样，血淋巴携带营养物质、激素和代谢废物，而且也具有凝血和免疫反应的功能。

衰的森林和郁郁葱葱的植物导致大气中氧的比例远远高于现在。这些氧气显然足以供给更大的昆虫物种，虽然它们与它们体形较小的现代近亲使用相同的气管系统。不过，即便是在石炭纪甚至恐龙时代（有些生物已长成巨大的身型），也绝对没有证据表明存在过和摩斯拉[1]一样大小的昆虫（当然，更没有操控它们的双胞胎精灵）。

为维持大量循环功能的运转，任何时候，每个人体内都必须有1.2～1.5加仑（4.5～5.7升）的血液。血浆占血液的55%，细胞（红细胞和白细胞）和血小板（与细胞一起被归为"有形成分"）占剩下的45%。水约占血浆的92%，溶解于其中的物质占剩下的8%。这些溶质大部分是肝脏产生的蛋白质。

想要成为一个组织，血液就需要由几种细胞成员来组成。事实也的确如此。血细胞（细胞）有两种：红细胞（红血球）和白细胞（白血球）。红细胞（来自希腊语的*erythrós*，意为"红色"）是目前数量最大的细胞，占血细胞的99%以上。从功能上分析，它们很像以前的肯德基（相对于新肯德基来说）。那时候的肯德基"专注炸鸡，不遗余力"。红细胞唯一的任务就是携带氧气，说它们不遗余力是因为每个红细胞简直被充满了血红蛋白（富含铁的色素分子）。血红蛋白就像个氧气磁铁，在它注满活力的地方（比如深吸一口气后的肺部）把它捡起来丢到供应不足的部位去（比如需要得到充足氧气和营养物质的组织细胞）。血红蛋白如此高效地携带氧气（与水相比），以至于如果没有它，一个人就需要75加仑的液体在身体中循环以携带和传播所需的氧气。虽然这对纺织行业来说肯定会是一个激动人心的消息（泳衣的尺寸将反映这一点），不过对其他人来说，可能就没这么有趣了。

---

[1] 日本"东宝怪兽电影系列"中的巨蛾型生物，由双胞胎精灵操控。——译者注

事实上，血红蛋白有一个缺点，那就是比起氧气，它更强烈地吸引一氧化碳。这就意味着，即使有氧气存在，血红蛋白也会与潜在致命气体绑定在一起。这一属性使得即使少量的一氧化碳也会有剧毒。一旦人体的血红蛋白与一氧化碳结合，大脑中的组织将迅速缺氧，导致意识丧失、严重脑损伤和死亡[①]。

下面回到血细胞。

红细胞很小，直径只有一英寸的千分之三，形状像一个两端被挤压的旧橡胶球（这种形状通常被称为"双面凹盘"）。红细胞专注于自己的"携氧追求"，以至于成熟后，它们缺乏细胞核或任何细胞器，就像我们中的许多人曾经致力于死记硬背的大脑。红细胞

---

① 血红蛋白对一氧化碳的高亲和力，加上这种气体无味，是每一个家庭必须装几个一氧化碳探测器的两个主要原因。如果你正在阅读本书的时候发现家里没有一氧化碳探测器，放下书，赶紧去商场买一个（或网购）。它太重要了。

形成于红骨髓内，它们进入血液循环的频率为每秒200万个（这意味着它们以同样的速度被脾脏和肝脏销毁和回收）。红细胞如此多，如果将它们并排置于一个平面上，覆盖面积约为3000平方米，这为氧气进入组织提供了一个大到令人难以置信的表面积。

白细胞是一种与红细胞完全不同且更多样化的血细胞。白细胞有核，它们不包含血红蛋白（所以不携带氧气）。通过在显微镜下的着色查看，根据白细胞的细胞质（有点像一个矩阵内的每个单元）看起来是否模糊，它们被分为两大组：颗粒白细胞和无颗粒白细胞[①]。

从功能上讲，一些白细胞（中性白细胞和巨噬细胞）就像变形虫的血细胞。精力充沛的巨噬细胞通过吞噬作用包裹着微小的物质。游走吞噬细胞（又名自由巨噬细胞）在身体里循环流动，它们并非寻找食物，而是寻找外来微生物，如细菌和真菌，并大量聚集在被感染部位。在淋巴结或扁桃体，其他的巨噬细胞（固定巨噬细胞）则保持静止。固定巨噬细胞像士兵被分配去守卫一座堡垒，随时待命，一旦出现麻烦就准备行动。当我们还是孩子的时候，这个堡垒或前哨正是扁桃体不能轻易摘除的原因。

当遇到入侵者（由外源蛋白嵌入其细胞壁，或由它发出的特定化学物质来识别），吞噬细胞便裹住微生物的伪足，把它拖入自己内部。在吞噬细胞内部，外来的微生物被摄入并囚禁在一个膜囊中（那是一锅致命酶、杀菌剂和强氧化剂混合而成的浓汤），消化马上

---

① 可以通过离心机的旋转将血液分离出三种主要成分：一层红细胞（占血量的44%）会沉入离心管底；一层薄的白细胞（1%）和血小板（称为血沉棕黄层）位于其上；黄色的血浆位居最高一层，占血容量的比例最大（55%）。通过测量血细胞比容，即红细胞在血中所占的百分比（RBCs），医生可以发现一些病症，如贫血（红细胞减少）或红细胞增多症（红细胞增加）。有些人可能会有兴趣了解，在注入肝素的管中旋转血液可以阻止其凝固。

开始。大多数情况下，这种化学攻击的结果是入侵者的细胞壁分崩离析，紧随其后的是一场毒浴，最终死亡。任何遗留下来的碎片都是由吞噬细胞通过"胞外分泌"所排出的。

遗憾的是，对吞噬细胞来说，事情并不总是那么简单，就像众所周知，好人并不见得会常胜一样。病原（疾病成因）微生物不断演进自身的技巧，这些生物中大部分存在的时间远比我们的免疫系统长，所以已经进化出了应对措施。病原体（如葡萄球菌）产生的毒素可以杀死吞噬细胞。其他入侵者，如引起艾滋病的人类免疫缺陷病毒发展如此之快，以至于我们的免疫系统很难识别它们不断变化的表面蛋白。此外，一些入侵者，如结核菌，能抵抗吞噬细胞使用的致命化学浴。这些导致呼吸系统结核病的病原体被吞噬细胞包裹住后，它们会在这封闭的毒袋子里繁殖，像雷德利·斯科特（Ridley Scott）的电影《异形》（Alien）里的生命体一样突然爆发出来，杀死吞噬细胞（并伤害可能待在附近的吞噬细胞）。同样，艾滋病毒可以隐藏在这些长寿的白细胞中，有时经过多年的休眠后浮出水面，仿佛从微观世界的特洛伊木马中悄悄出现。

某些类型的白细胞以非同寻常的方式捍卫身体。白细胞（如嗜碱粒细胞和被称为"肥大细胞"的其他结缔组织）负责体内的炎症反应功能。实际上，发炎是身体对外界侵略者或组织损伤的反应。在这个过程中，病原体或受损组织被隔离、稀释和摧毁。

那么它们是如何工作的呢？

接到指示信息后，炎症起始细胞释放化学物质（如组胺和前列腺素），导致感染部位血管膨胀（直径增大）并变得可渗透。膨胀使血液大量流向该部位，血液中含有氧气、营养物质和被称为"致热源"的体温上升化合物，以及大量的吞噬细胞。这种涌入导致感染部位呈现红色，触感烫手。血管的渗透性增加，允许等离子体

（和吞噬细胞部队）从血管里往外泄漏，进入受损组织。结果就出现了具有炎症特征的局部肿胀。

巨噬细胞在炎症反应部位追捕病原体，吞噬遇到的传染性入侵者。随着战争肆虐，数以百万计的巨噬细胞最终牺牲并被追授"黄稠脓"称号。其他巨噬细胞被招募进不受欢迎的清理人员行列（在这种情况下它们开始清理脓）[①]。这些亢奋加上感觉神经末梢被怪异的化学物质和肿胀刺激，就产生了疼痛的感觉。

白细胞和其他保护细胞还负责处理一些过敏反应。大多数情况下，这种"过敏"的结果来自于身体错误的（有时危及生命的）尝试来保护自己免受无害物质的影响，如花粉和灰尘。应对这些过敏源，就好像它们是真正的突发事件，嗜碱粒细胞和肥大细胞将释放炎症促进化学物质。不过，这一次发生在眼睛和肺部气管等过敏源着陆之处。

在更严重的情况下，人体的免疫系统会攻击自己的关节（类风湿性关节炎）、移植的器官或组织移植。为了防止大范围的组织损伤或移植排异，病人有时需服用免疫抑制药物。最成功的一种就是环孢霉素（ciclosporin或cyclosporine）——从挪威土壤真菌分离出的一种物质。它的功能是减少T细胞（稍后讨论）的活动。虽然免疫抑制药物常常需要服用很长时间，但危害自身免疫系统并使其衰弱，却是显而易见的。

一些白细胞（杀伤性T细胞）可识别外来表面蛋白（抗原）并攻击"呈现在眼前的"微生物。其他白细胞（从白细胞发展而来的

[①] 关于巨大的外星人一样的巨噬细胞的纪录片片段，我推荐1958年的电影《幽浮魔点》[*The Blob*，斯蒂芬·麦奎因（Steve McQueen）领衔主演]。通过此片，对于吞噬细胞如何工作，你会有一个相当深刻的印象。

原生质细胞被称为B细胞）产生的无数细碎的蛋白质被称为抗体。抗体与抗原表面的神经末梢像特别定制的钥匙与锁一样契合。背负着这种华丽的"抗原/抗体的复合体"的倒霉载体，或者四处游荡着等死，或者被标记为"已死亡"，就好像一个鞋底下粘着卫生纸的人被标记为"笑柄"一样。

其他白细胞（被起了个奇怪的名字叫"辅助T细胞"）的作用是帮助这个免疫反应发生，当抑制T细胞扼杀了免疫反应，战斗就结束了。

哦，对了，我差点忘记，一些原生质细胞前体被称为记忆细胞，当战事平静下来后，它们在循环系统附近徘徊。记忆细胞一般处于休眠状态，但它们能游刃有余地第一时间推动免疫反应——依然有勇无谋的抗原载体会再次出现[①]。

还有一点，那就是儿童疾病的接种（如流行性腮腺炎）和地方病（如黄热病）也在其列。在许多情况下，将特定病原体死亡或无害的版本注入身体，制造抗体来对付感知到的威胁。此外，如果记忆细胞在附近逗留并快速启动免疫反应，应该就是真正的病原体出现了。

很遗憾，我们对于血液的大部分认知也不过才百年。虽然有时技术有所欠缺，但却也不再盲从于早期研究人员所拘泥的旧观点。

[①] 这就是为什么你不会连续两次感染同一种流感，以及你需要每年注射新的流感疫苗的原因，因为新的毒株已经演变出新的表面蛋白（抗原），你的记忆细胞或循环抗体已难以识别。

体液的概念在近400年间也没有完全绝迹，但就在威廉·哈维具有里程碑意义的著作《心血运动论》（*Anatomical Studies on the Motion of the Heart and Blood*）于1628年出版后不久，一些医生开始思考，是否将别人的血液输入患者的循环系统，其疗效要好于从患者身上抽血——特别是在已经失血的情况下。

理查德·洛厄（Richard Lower）医生于1666年首次成功完成输血实验。他使用具有管道构造的鹅毛笔将一只狗（捐赠者）的颈动脉与另一只狗（受赠者）的颈静脉相连，这只狗此前因失血过多濒临死亡，据说，输血后它奇迹般地恢复了知觉。

一年后，受到洛厄的鼓励，巴黎人让—巴蒂斯特·丹尼斯（Jean-Baptiste Denis）用相似设备将8盎司的小牛血注入一个名叫安东尼·莫雷（Antoine Mauroy）的精神分裂男子的手臂中。和他那个时代的其他研究人员一样，丹尼斯认为血液中携带原来主人的个性，故此次输血的根据在于"温和"的小牛血可能会使莫雷先生性情和缓下来。在警方看来，这位先生整日裸奔、四处放火，还殴打妻子①。

莫雷被绑在椅子上，先进行放血，大概是为了去除坏血，给好血腾出点空间。然后通过金属管的推送，被输入大约6盎司的小牛血。莫雷抱怨他的手臂开始有灼烧感，但除此之外没有什么严重的影响。经过短暂的小憩，他开始唱歌和吹口哨，此举使得许多围观者恨不得干脆被他打一顿，或宁愿让他放火烧他们的房子。

两天后，受到疗效的鼓舞，丹尼斯医生给莫雷注入了更多的小牛血，但这次产生了戏剧性的效果。据说，莫雷开始出汗，然后抱

---

① 那时候，人们把这些归因于"活力论"概念，即所有生物拥有一种内在力量负责某些特定的性格（比如在保险行业工作的人具有狮子身上的勇气或对黄金的欲望）。

怨自己的背部剧烈疼痛（丹尼斯说是在靠近肾脏的地方）。然后，他几乎窒息而死地呕出他的午餐，并排泄出大量的黑色液体。

现今的医生会立即认识到，莫雷产生了严重的过敏反应，因为他被输入了极端不兼容的非人类血液。这个倒霉蛋的免疫系统实际上在全副武装地攻击这些外来血，结果是差点杀了他自己。但在1667年，对此的解释却截然不同。对丹尼斯医生来说，莫雷的呕吐和连续数天便溺出的黑色液体，毫无疑问证明这个男人的疯狂因素已被清除。毕竟，发烧和卧床不起的莫雷已不再像从前那样疯癫，虽然事实上他无法说话也不能动弹[①]。

几个月后，随着丹尼斯的一个患者死亡，那些对于输血的大好前景的过度热情也都熄灭了。英国人坚信丹尼斯不仅偷了他们的输

---

① 莫雷的深色尿液可能是注入的红细胞遭到了人体免疫系统的攻击而释放出来的化学变异的血红蛋白。或许纯粹是由于运气够好而并不是别的原因，莫雷开始恢复，据丹尼斯的记录，第一天他的病人就能够去做忏悔，小便也开始正常了。

血技术，而且抢了他们的风头；他们竭尽全力地败坏法国人的名声，跟他们自己那些既是竞争对手又是同胞的人的所作所为如出一辙。丹尼斯试图为自己辩护，但当他最引人注目的病人安东尼·莫雷也死了之后，任何辩解都苍白无力了。据说经过短暂的休息后，莫雷恢复了野蛮和残酷的本性，而这促使他的妻子耍弄了一些化学手腕（后来才被发现）。莫雷夫人开始在丈夫的饮食里添加砷，但出于某种原因，当她和她的丈夫向丹尼斯医生要求进行第三次输血时，她并没有提到这件事。由于受到前一位病人的影响，丹尼斯医生拒绝了他们的要求。几天后莫雷死亡，医生被指控谋杀。丹尼斯最终被释放，但此事闹得沸沸扬扬（和其他地方与输血有关的死亡一样），为人类输血和与此相关的实验敲响了丧钟。两年后，法国禁止实施输血，不久英国也步其后尘。此外，意大利发生了两起与输血有关的意外死亡事件，导致教皇公开抨击输血行为。舆论哗然，加之教皇的谴责，造成了此后持续150年的寂静无声①。

1818年，妇科医生詹姆斯·布伦德尔（James Blundell）为力图减少大量因产后大出血而导致的死亡，执行了首次人与人之间的输血。他从捐赠者那里抽出血液，再注入捐赠者妻子的手臂血管中。通过早期在动物身上的研究，布伦德尔认识到注射血液之前要将注射器内空气排掉，以及要在血凝结之前迅速执行输血。存活下来是一件希望渺茫的事，布伦德尔的前四个患者都死了，不仅因为他们已经很虚弱，而且由于当时好心的医生尚对血型或现代抗凝剂（如肝素）一无所知。天然油和消毒工具的使用只会让问题更严重。

---

① 奇怪的是，在早期的输液尝试中，血液并不是被选中的液体。根据美国红十字会的记载，麦芽酒、葡萄酒和牛奶都曾被使用过。直到19世纪中期，医生给病人注射牛奶来治疗霍乱，他们相信"牛奶的白细胞"将转换为血液的红细胞。这个想法并没有听起来那么荒谬，因为这两种液体之间确有很多相似之处。

　　　　　　　　　　　　　　黑色盛宴

1901年，奥地利医学家卡尔·兰德施泰纳（Carl Landsteiner）博士在发现了A、B、O血型后，彻底革新了输血的基本原则[①]。简言之，红细胞（像我们之前看到的外来微生物）有特定的表面蛋白（抗原）嵌在细胞壁上。在输血过程中，如果捐赠者红细胞的表面蛋白不同于受赠者（如抗原A就与抗原B截然相反），那么捐赠者血液中的红细胞必然会被受赠者血液中的白血球（或抗体）所攻击。来自受赠者的免疫系统的攻击会杀死捐赠来的红细胞，这一过程被称为"溶血"，按其字面意思就是"血液溶掉了"（正是这一过程导致了我们此前所见的不幸的安东尼·莫雷那墨黑的尿液）。它还会导致一种危险的、被称为"凝集"的红细胞聚合形式，从而堵塞小血管，有时还会导致严重的问题，比如中风。

在发现A、B、O血型之前，任何人与人之间的输血都是含有巨大风险的事。动物与人之间的输血（还有输酒精饮料，比如葡萄酒和啤酒）只能算十分怪诞而已。

根据有关血型的记载，由于O型血的红细胞既没有A抗原也没有B抗原，所以从理论上讲，它会被受赠者的免疫系统识别为非外来血液（无论受赠人是何血型）。正因如此，O型血的人也被称为"万能捐赠者"。同样，由于AB型血（兰德施泰纳的同事在几年后发现的血型）两种类型的抗原都有，理论上AB型血的人可以接受任何捐献者的血液。因此，他们被称为"万能受赠者"。

遗憾的是，"万能捐赠者"和"万能受赠者"的标签会产生些误导，因为除了A、B、O血型系统，血液中还有其他抗原和抗体。在现代，实施任何输血之前，都要仔细对血液进行交叉配对，筛查病原体和有毒物质。

---

① 1930年，兰德施泰纳因这一贡献，而获得了诺贝尔奖。

维萨里、纳菲斯和哈维的工作致力于不时地质疑一下伪善的体液系统，但到了20世纪早期，医生和研究人员发现，细菌和其他致病菌是大多数疾病的原因。19世纪晚期出现了阿司匹林这类的药物，大约30年后第一种抗生素随之出现。这些新的治疗方法迅速取代了放血疗法，以应对多种疾病和减少因伤口发炎和发烧所导致的身体不适。

　　令人惊讶的是（或者，考虑到这个过程已花费了那么长的时间，倒也就不那么令人惊讶了），放血治疗在缓解某些症状方面，已经在一定程度上显示了积极的效果，尤其是对于血压升高或血容增加等症状。

　　例如，当动脉的病变部分向外膨胀得像个充满血液的水球，就产生了动脉瘤。心脏跳动时，动脉瘤也随之悸动（就像用手有节奏地挤压一个棒球大小的水球）。在某些情况下，这是种警告，随着血管壁伸展，与血管表面相连的痛觉感受器会受到刺激。糟糕的是，大多数情况动脉瘤是无痛的，且未被察觉。动脉瘤产生的危险是相当明显的，如果这个"水球"爆裂，很可能会致命。许多人中风即源于大脑中动脉瘤的破裂，破裂的主动脉瘤会导致大出血，并在几分钟内致人死亡。

　　多种原因均可导致动脉瘤发生，包括高血压和动脉硬化。动脉硬化会减少血管弹性，使血管壁产生弱化区域，血液经过产生的压力会造成这个区域膨胀。

　　在发现青霉素以前，主动脉瘤是梅毒的一种常见副病症。因梅毒产生动脉瘤的患者经常被放血以降低血压，减少动脉瘤破裂的机会①。

放血也被用来减轻心绞痛的疼痛感。心绞痛源于供应心脏肌肉组织的血液不足（通常是由于冠状动脉堵塞或收缩）。像动脉瘤所产生的疼痛一样，心绞痛是一种症状而不是疾病。这是身体的预警系统的一部分——直截了当地告诉你，大事不好了。今天，血管扩张剂（如硝酸盐等）用于治疗心绞痛。它们的主要功能在于通过增加流向身体最远端的血液（外周血流）来降低血压。20世纪70年代，对这些药物作用的研究表明，放血治疗也能降低心脏休息时的内部压力。

同样，充血性心脏病通常表现为血容量的增加，患病的心脏已经难以向身体泵血。在现代，药物（如利尿剂）用于减少血容量（多尿导致少血）。但在20世纪60年代之前，能达到同样效果的一个可行方法就是定期给病人放血。

值得庆幸的是，在目前对动脉瘤和心绞痛的治疗中，药物已经取代了放血，而且很少有患者（或医生）对此产生抱怨。

在我们因药物治疗的神奇效果而得意忘形之前，应该说说在哪几种情况下，放血还是有必要的。

卟啉症［porphyria，源自希腊语"紫色"（purple）一词］是一种血液疾病，由血红蛋白的错误生产导致的红色和紫色色素的累积被称为卟啉。由于种种原因，它被称为"吸血鬼病"。这是因为，这种病的其中一种症状（迟发性皮肤卟啉症）是卟啉集中在皮肤

---

① 在道格拉斯·斯塔尔（Douglas Starr）的《血：医学和商业史诗般的历史》（*Blood: An Epic History of Medicine and Commerce*）一书中，他假设早期输血手术的受赠人安东尼·莫雷实际上患有晚期梅毒（由梅毒螺旋体这种细菌引起）。斯塔尔认为，莫雷开始时的好转可能是输血诱发的发烧暂时扼制了热敏的病原体。

上。当暴露在阳光下时，这些色素异常引起周围组织损伤，导致严重的皮疹和起疱。这些光敏感毒素以及它们造成的毁容性的损害，可能是吸血鬼故事以及吸血鬼被阳光照射就会毁灭的素材来源。此外，某些形式的卟啉症引发的严重贫血会导致苍白、幽灵样的外表以及牙龈萎缩（缺乏氧气和营养所致），牙齿越发暴露，甚至犬齿像动物一样从嘴里龇出来。

在急性卟啉症中，接触某些物质（如酒精）会引发严重的神经障碍，现在似乎用此来解释英国国王乔治三世（《独立宣言》中提到的国王）的"疯狂"行为。从1762年开始，这位英国君主严重的病症就开始发作。这些通常始于类似流感的症状，很快就演变为抑郁和奇怪的行为：与马赛跑，假装玩小提琴，还声称能让死人复活。据说乔治三世曾连续26个小时语无伦次地演讲。

值得注意的是，提供给国王的治疗方法与提供给他的美国同仁乔治·华盛顿的治疗方法（或者说是使其遭受痛苦的治疗方法）非常类似。他被放血，被弄得起疱疹和上吐下泻，还被拔罐[①]。水蛭也被派上用场，吸走被认为是过量的血液。如此下来，国王有时整年都没有复发，但总有复发的时候，1811年，乔治三世的医生称，他将终身残疾。

多年来，研究人员对国王突然出现的怪异行为和突然爆发的奇怪情绪感到困惑，特别是在他50岁之后。20世纪60年代，两位作家根据国王的医疗记录（包括观察到国王的尿液是葡萄酒色）总结出，乔治三世罹患的是卟啉症。

最近，关于国王所受苦难的更多证据浮出水面。经检验，乔治

---

① 这种技术是将一个玻璃杯子倒置于火上，加热杯中空气，然后将杯子扣在病人的皮肤上，待杯中空气冷却形成真空，此举被认为可将体内毒素拔出。

国王的几缕头发显示，其中砷的含量是正常水平的300倍。马丁·沃伦（Martin Warren）教授将这些数据与早期的研究信息相结合，得出结论：乔治国王的疯狂不仅由卟啉症引起，而且他那怪异的行为显然正是由含砷的药物所引发，而国王的医生却认为这种药物可以治疗他的疯狂。

卟啉症和放血之间有什么关系呢？尽管目前对不治之症可用药物治疗或缓解症状，但放血疗法仍然被用来减少血容量，进而减少血浆中卟啉的含量。这个古老的技术在减轻卟啉症的疼痛和神经衰弱方面一直非常有效。事实上，要不是含砷的药物治疗横插一脚，放血疗法很可能将一手导演乔治三世从疾病中康复的戏剧性一幕。

在其他情况下，放血仍被作为一项治疗措施以减少血液中的铁含量。

最近研究人员发现，有证据表明对于患有病毒性疾病、丙型肝炎的患者，如果他们第一次放血就引发轻微的缺铁，那么他们就会对用干扰素的治疗有较好的反应。干扰素（IFNs）是小的蛋白质，由细胞（如巨噬细胞）对病毒攻击身体做出反应时自然产生。干扰素扩散进入未感染的细胞，像盾牌一样干扰病毒进入并感染细胞的能力。因为病毒只能通过控制细胞的再生结构完成在细胞内的复制，所以防止它们进入未受感染的细胞是人体抗病毒防御至关重要的一个部分。干扰素还吸引和激活自然杀伤细胞，这种细胞可攻击被病毒感染的细胞。科学家们仍在试图搞清楚为什么通过放血治疗降低血浆里的铁浓度可以提升干扰素的效率（可用于治疗乙肝、丙肝，以及某些类型的白血病、生殖器尖锐湿疣等疾病）。

放血也是一种用于治疗糖尿病的方法。胰岛素是胰腺分泌的一种激素，通过提高人体吸收和利用的能力帮助调节血糖水平。高血浆浓度的含铁蛋白（ferritin）可能损害细胞分泌胰岛素或对胰岛素的反应。这被称为高铁蛋白2型糖尿病（铁含量升高最终导致危险的高血糖含量）。研究表明，经过三次放血（每两周抽血500毫升，总计六周），高铁蛋白2型糖尿病患者的抗胰岛素性得到了改善。

还有其他病症可用放血治疗处理，包括血色素沉着症，即消化道吸收过多的铁从而导致过量的、对组织有害的铁沉积在肝脏和胰腺这样的部位；以及红细胞增多症，即以无法控制的速度制造血细胞。在许多情况下，缓解这些痛苦的唯一途径就是减少血液含量。

最后，还有几种相对罕见的疾病，似乎也受益于涉及放血的治疗方法。但将这些例子与事实相比较，从历史角度看，放血是一切病症的处方。不难看出，这种做法还没有完全退出历史舞台，虽然它已是个"医学文物"了。

然而，有一种放血治疗的形式经受住了时间的考验。与前述技术不同，这种方法利用了古老的蠕虫，这种虫以血为食的历史远远超过它有着羊皮纸般双翼的同行。吸血蝙蝠这类生物放血的技术远比人类乱七八糟的放血技术更有效。提到这一点，水蛭（*Hirudo*）从金字塔时代以来就一直被作为药用。20世纪几乎已不用水蛭做治疗工具了，但最近水蛭迎来了其职业的又一春：现代外科医生又开始青睐这些古老的盟友了。

一只训练有素的水蛭远比五十个战士强。

——塞缪尔·巴特勒

当政者如此昏聩麻木，

如水蛭般吸附于这摇摇欲坠的江山，

饱食后必自毙，兵不血刃。

——玛丽·雪莱

第六章
美好的友情

东非，乌兰加河（Ulanga River），第一次世界大战伊始。

亨弗莱·鲍嘉饰演的查理·奥尔纳特努力拖拽着"非洲女王号"（*African Queen*）通过芦苇丛生的支流，他希望这条支流能通向坦噶尼喀湖（Tanganyika Lake）。他浑然不知（或者说并未在意）自己在齐胸高的水中已经制造出因压力变化而产生的波动。从他的身体不断向周围扩散出仿佛卵石投入金鱼池塘般辐射出的涟漪。

查理回头瞥了一眼。罗西（凯瑟琳·赫本饰）看起来忧心忡忡。"别担心，大姐。"他尽可能使语气听起来欢快。

罗西冷峻的脸上绽出微笑，但她的身体语言暴露了她的内心。"我很好，奥尔纳特先生。"她说。她的新英格兰口音带着独特的颤音，但查理却被她声音里的某些东西吓了一跳，那东西比"恐惧"更甚，有点像"怀疑"。

"奥尔纳特先生，请小心前面。"

"好的，罗西，当然。"他冲她挥挥手。一转身，脑海中又重复浮现那个画面——这皮包骨的老修女倒掉了他所有的杜松子酒，他不禁暗自腹诽。

黑色盛宴

疯狂的老处女。他一边想一边再次向前行进，脸部肌肉抽搐着，就好像船的缆绳咬进了肩膀。

在暗黑的水面下，查理的动作敲响了一个古老的警钟，这是自恐龙时代之前就已开始的，史前猎手们本能的反应。

几只水蛭吸附在芦苇秆上，芦苇的尺寸对于它们的身体大小来说刚刚好。它们用尾端附近的吸盘吸附，这样就可以在缓缓的水流中随意漂浮。绿色的外表使它们看起来和芦苇浑然一体，借此躲避在沼泽中觅食的鱼和鸟。

大部分时间里，水蛭只是静静等待，时间对它们来说毫无意义。然而，一旦出现无声的内部警报，它们会马上义无反顾、毫不犹豫地迅速行动。

对于水蛭来说，人类基本上等同于食物。

经过数百万年的进化，自然选择使水蛭进化出一系列适应性，使它们非常适合吸血的生活方式。它们的感官系统源源不断地提供关于周围环境以及经过的潜在捕食者和猎物的信息。与脊椎动物的眼睛不同，水蛭有十只眼点，整齐地排列在头前端，这些光敏感器具有复杂的聚焦能力，专门在光强度中探测运动和突变。

在芦苇和查理的船之间，并没有什么不寻常的事情发生。相反，每个居住在这一小段沼泽中的水蛭都能感觉到身体的一侧有一个微小的振动。它们用尾部吸盘附着，将自身扩展到极致，然后静止成一个警告的姿势。水蛭保持这个姿势几秒钟，这个过程中它们的感官系统可对传入的刺激进行协调。

在那！振动又出现了。

还是这一侧。

越来越强了。

水蛭将身体暂时弯曲成"U"字形，这种姿势可以存储势能，然后马上释放，将自身弹离泥土之上。

它们简单的大脑并未意识到，自己的身体被数以百计的迷你触感探测器所覆盖。水蛭也不能察觉，其实从查理牵引着"非洲女王号"制造出的第一波加压的水流辐射到它们的巢穴时起，这些机械感受器①就被激活了。

现在，自由浮动的水蛭只犹豫了一眨眼的工夫，另一波水浪就袭来。顷刻间，它们好像精心设计过动作一样，立即调整自己的方向，这样一波又一波的感觉变得越来越强，水波浪袭击着的是它们的头部而不是身侧了。

想都没有多想，猎手们开始越来越快地起伏身体，从五个不同的方向聚集于食物源，仿佛未公映的惊险电影中埃斯特·威廉斯（Esther Williams）主演的游泳者。

还有5英尺。

3英尺。

一闪而过，是一个巨大的黑影。忽然之间，水蛭开始苦苦对抗从四面八方侵袭而来的波浪。

虽然它们不具备畏怯的感受（也没有别的其他情感），但这是水蛭跟踪过的最大的"食品篮子"。

还有1英尺。

信号更强了。猎物在有规律的水流中移动时，水蛭可以感受到猎物散发出的热量，现在这感觉更强烈了。

还有1英寸。

其中一只水蛭撞上了一面巨大的移动墙。

---

① 机械感受器是专门的传感结构，可通过身体接触被刺激（就像化学感受器被化学物质刺激一样）。

食物出现了。

水蛭拼命想保护它前端的吸盘，一个巨大的浪潮把它卷走了。小家伙在湍流的泡沫中翻滚，疯狂旋转着直到被折了的芦苇参差不齐的尖端刺穿。

被刺穿的水蛭向一侧斜抛出去，它的肌肉收缩仍然强劲，但现在，这种肌肉收缩却使它自己螺旋式下沉。

另外5只水蛭沿着信号的浓度梯度，最后将尾部定位在固若金汤的织物墙上。它们挤在一起，呈扇形散开，利用吸盘牢牢吸附住猎物。

在水面下的泥沙中，另一个猎手蠢蠢欲动。蜻蜓幼虫的复眼有1200个面，密切注视着受伤的水蛭朝它翻滚而来，高速的旋转慢下来了。

捕食者向上猛冲而去，用六条有力的腿抓住破碎的芦苇。幼虫的口器陷入水蛭的身体，像机器人般精密运作，开始享用大餐。

在芦苇的缝隙间，一条2英尺长的鲈鱼兴致勃勃地注视着这一切，食欲也被勾了起来。

在坚不可摧的织物墙内，水蛭用三套壳质的嘴切割皮肤，线状的外皮使自身与猎物区分明显。一波又一波蠕动的肌肉收缩使身体长度缩减，几秒钟后，战斗开始。

5个小东西相继动手了。人没有感到特别的疼痛，只有被吸吮的感觉……然后……就没什么了。

在"非洲女王号"的甲板上，罗西帮查理清洗掉最后的死水蛭和盐。

查理发着抖："这世上如果真有什么令我厌恶，那就是水蛭，肮脏的小恶魔！"

纽约，长岛。2006年9月。

我下了车，有个阿尔伯特·爱因斯坦的"孪生兄弟"一样的人冲我友好地挥了挥手。"鲁迪·罗森伯格。"他说着向我伸出手。

他穿着一件红白细条纹的衬衫，打着蓝色的领结，略长的白头发打着卷垂在脸周围。我猜他大概得有75岁了。

"我们从后面走。"鲁迪建议，在打卡机前停了下来。我跟着他进入位于长岛高速公路拐角处的一幢其貌不扬的工业建筑内。我有点惊讶，签名登记处写的是"精准"（Accurate）而不是"水蛭·美国"（Leeches USA）。我以为自己一直期待着的是一些高端的东西，比如大量血液，至少也得有几个吸盘。

"有三家公司在这里注册。"几分钟后，我被安顿下来坐在他的办公室，鲁迪告诉我。房间有着舒适的凌乱，每一寸空间都被塞满了艺术品、书籍、期刊和纪念品，镜框里镶着："精准化学和科学，精准外科手术和科学仪器，水蛭·美国。"

我马上来劲了。

他越过镜框上方看着我说："人们总是对水蛭很感兴趣。"

鲁迪·罗森伯格（Rudy Rosenberg），这位犹太大屠杀的幸存者，开始向我解释水蛭是已知最古老的治疗工具之一。

"埃及象形文字中就有水蛭一词，可见对它的认知已有3500年的历史。在公元前1000年的梵文著作中，水蛭被记载可处理毒蛇咬伤。希腊人还用它们治疗头痛。"

通过对放血的调查，我得知，在公元2世纪，盖伦曾规定水蛭可作为一种医疗手段来减缓"多血症"，即通常认为的血液量过度。

　　　　　　　　黑色盛宴

"水蛭"这个词实际上源自古老的盎格鲁—撒克逊词loece或laece，意为"治愈"。

"尽管我们拥有大量技术和价值数十亿美元的制药行业，但现在的医院仍使用水蛭。2004年，水蛭药物作为医疗器材得到了美国食品药品监督管理局的批准。"

我以为我听错了："器材？"

"对，医用水蛭是第二种被指定使用的生物。"

鲁迪知道我接下来想问什么，不待我开口就说道："（第一种是）蛆虫。"

"蛆虫？"我重复道。

"当然。几百年前，医生就发现，将蛆虫放在开放性伤口上，它们只吃坏死或腐烂的组织，不吃新生的部分。"

"酷！"我回应道，到底是科学家啊，"那么水蛭呢？"

"我们中很多人会去医院或医疗中心，在那里接受移植手术——耳、头皮、鼻子，还有乳房重建。有人走进医院时，会将他的断指放在冰袋中携带，我们遇见过这种情况。"

鲁迪解释说，在像修复断耳、断指这样精密的手术中，需要用显微镜才能看见的超细缝合线将小小的动脉和静脉重新连接。由于动脉的血管厚实，较易修复，但对于薄壁血管，血液从中回到心脏却是个问题。因此，血液虽然被大量泵入缝合的组织（通过手术修复的动脉），但却常常从脆弱的静脉流到别的地方。如果不及时制止，"静脉充血"将导致循环阻塞，最终，缝合的组织会因缺乏氧气和营养而坏死。

"在某些情况下，有人发现通过把水蛭放在重新接上的组织附近，可以建立一种人工循环。"

"怎么做的？"

"水蛭使瘀血排出，新的动脉血可以到达该部位。这些新鲜的血液携带所需养分去修复被破坏的血管，刺激该部位新组织的生长。"

"原来如此。"

"一个断指缝合处会放10~12只水蛭，至于头皮复植处将放好几百只。"

鲁迪又开始解释，上千只水蛭是如何被用来挽救一个加拿大人的残腿的。此人得了癌症，外科医生为其做了局部截肢手术。

"但是，直到20世纪80年代，使用水蛭才从一个选无可选的治疗手段发展成一个比较正式的医疗手段。"

"为什么不愿意用呢？"我问道。

鲁迪将身子探出桌子，凑过来压低声音说道："绝大部分外科医生认为，如果用了水蛭，影响会很恶劣。"

"起初，这真的很让人难以接受。"鲁迪接着说，"现在我们每年从美国和加拿大购入上千条水蛭。"

我问鲁迪，他卖出的水蛭是否都用于移植方面。

"大部分是的，"他回答，"但兽医也会用来给狗做修复，有时还治疗马的脚踝肿胀。在教学实验室里，水蛭也很受欢迎。"鲁迪又解释了水蛭具有相对巨大的神经元（神经细胞），有助于学生研究细胞层次上的神经系统功能。

这位"水蛭先生"看出我已心悦诚服，但他还没打算结束谈话。

"在以色列医疗中心（Beth Israel Medical Center），有研究表明，水蛭可有效治疗疼痛和炎症，特别是对患有骨关节炎的人。他们是国内第一家提供此类水蛭疗法的医院。"

鲁迪坐回椅子，像个自豪的父亲般咧嘴笑了起来："作为被人类厌恶的吸血虫子，这可是个了不起的成就。"

黑色盛宴

我点点头，仿佛我将终生成为水蛭的粉丝。我不得不承认（当然没对鲁迪直说），虽然我以研究吸血蝙蝠为生，但水蛭却一直令我毛骨悚然。事实上，它们跟小丑或电视布道者还蛮像的。现在，坐在这位"水蛭团"热情的"拉拉队队长"的面前，我开始以一种完全不同的眼光看待他的小小合作者了。

水蛭属于环节动物门（分节蠕虫）。这个种群包含大约12000个物种，分布于世界各地。除了水蛭（属于蛭纲），环节动物还包括蚯蚓（寡毛纲）和它们淡水中的亲属，以及海洋蠕虫，如沙虫和红蚯蚓（多毛纲）。

目前发现的水蛭大概有650种[1]，在凉爽的淡水环境或污浊的热带泥浆里都可以看到它们的身影。大约20%的水蛭栖息于海洋，从浅海水域到距离地表2500米的热喷射口都是它们的栖息范围；其他水蛭则完全陆生。栖息地也很多样，从热带雨林到印度北部的喜马拉雅山支脉。甚至还有一种无色素的水蛭，仅存在于新几内亚的一个洞穴中，以蝙蝠血为生。尽管水蛭以其吸血能力而闻名（或臭名昭著），但大多数水蛭都是掠夺性的而不是寄生性的。少数水蛭甚至在猎物不知情的情况下还会给对方带来帮助。

环节动物的长度从不到1毫米到超过3米都有，比如巨大的澳大

---

[1] 对比蛭纲的多样性和其下650名成员，哺乳动物纲下大约有5000个物种，而硬骨鱼纲下有30000个硬骨鱼类。无论何时，我们的脊椎动物生物学家总是投入大量精力去研究数量庞大的动物，但其实我们也有必要研究这些具有启发意义的无脊椎动物。这个种群要想摘得"动物多样性比赛"的桂冠简直唾手可得，保守估计这个群里有远远超过100万的物种，其中仅甲虫就超过30万种！

利亚蚯蚓。它们之所以被叫做蠕虫，是因为它们的身体是由环形体节（体环）组成，一圈一圈叠起来（有点像米其林轮胎先生，但没有胳膊和腿，黏液倒是不少）。

从进化的角度来看，体节的自适应优势（也称体节性）似乎与一个现象有关，环节动物的身体理论上讲可以分成一系列或多或少可以独立的体节（由薄膈膜相互隔开）。在遥远的过去，这些体环可能作为动物身体的局部特化，是其头部、腹部和尾部的早期结构。

体节显然使环节动物比它们无体节的祖先行动起来更为有效。这是因为，这个种群进化出了体腔来适应分节的体平面。这种充满液体的腔是蠕虫流体静力学性骨骼的一部分，所以当包围着每一节身体的肌肉收缩，体腔内的压缩体液被迫流向头端，使身体向前行进。你可以通过挤压拉长的装满水的气球的中部来体验这种类型的运动。你的手代表环节动物环绕身体的肌肉，而水和可扩展的气球内部分别充当体腔液和体腔。随着身体向前延伸，蚯蚓用位于前侧的一对显微镜下才能看见的牙齿样的刚毛（setae或chaetae）来保护自己不直接接触泥土。随着体内纵肌收缩，身体的后端向前凸出。这种解剖学上的结构造成了蠕虫状的爬行，但比起以胡乱的扭动或者摆动行进为特征的其他线虫（俗称蛔虫），这样的爬行更有效率。

然而，在某些情况下，水蛭还能以另一种类似尺蠖（一种昆虫的幼虫，并非真正的蠕虫）的移动方式来移动。水蛭能做出这样的移动得益于其拥有的一对吸盘，一个位于头端（前吸盘），另一个在尾巴附近（后吸盘）①。

---

① 一种特立尼达水蛭（*Lumbricobdella*）已经回归其祖先的穴居生活。毫不奇怪，这种水蛭已失去了吸盘，得像蚯蚓一样在松软的泥土中钻来钻去。参见Roy T. Sawyer, *Leech Biology and Behavior*, vol. 1: *Anatomy, Physiology, and Behaviour* (Oxford, England: Clarendon Press, 1986), 368.

　　像尺蠖那样爬行时，水蛭用尾端的吸盘附着于媒介物上（可以是水平也可以是垂直的）。接下来，环绕身体的肌肉收缩，使头部向前扩展（做蠕虫状的运动）。然后前吸盘抓住媒介，后吸盘松开。最后，身体的尾端波动前进，使后吸盘恰巧移至前吸盘的后方。水蛭在水下移动时，或者水生水蛭离开水去产卵时，就会使用尺蠖式运动方式。这样做还有利于它在垂直或光滑潮湿的表面有效地移动。陆地水蛭也使用尺蠖蠕动法一心一意接近它那热血的目标。水蛭从大约两米开外就可以追踪潜在的食物，它们主要通过检测猎物（或宿主）穿过所处的环境产生的振动以及呼出的二氧化碳来追踪。视觉也作为光感受器给水蛭提供光强度的变化（比如当有阴影从附近经过的时候）。

　　许多水蛭很擅长游泳，但不像鱼那样摆尾游。水蛭弯曲身体波浪式运动，很容易让人联想起海豚和鲸。达·芬奇（1452～1519）可能是第一个研究水蛭运动的人，他真是花了不少时间来研究这种用背腹侧进行的错综复杂又恰到好处的起伏运动。

　　在1951年上映的经典影片《非洲女王号》中，这些"寄生鱼雷"对鲍嘉饰演的角色发起了攻击（影片中的水蛭实际上是用橡胶制成的）。水生水蛭会通过不同路径接近宿主。有的水蛭会趁宿主低头喝水的时候跳到脸上，进入鼻孔后，附着于宿主的鼻腔黏膜上。在温暖、潮湿的空间内，它们摄食并发育成熟，并且免于被察觉，至少可以躲一阵子。有一个著名的故事讲述了1799年，这种水蛭攻击一群穿越埃及到达叙利亚的拿破仑的士兵。对于任何军队来说，在异国他乡如何获取水源一直是生存的重点，在有净化技术（如沸腾、添加碘或氯，这些方法至少可以让水能够稍微安全些，以供饮用）之前，这其实很冒险。显然，有些人喝了充满水蛭小幼虫的湖水。宿主自己并不知道，这些小生物快速附着并开始进食。几天后，有人突然生病。医务人员惊恐地发现病人的鼻子、嘴巴和喉咙里密密麻麻爬满了吸饱血的水蛭。医生简直被这景象吓疯了，不难想象，这血淋淋的场景再加上恐惧狂乱的叫喊，一切都恐怖得无以复加。

与其他群体庞大的动物类似，水蛭的饮食习惯在很大程度上也存有差异。已知的水蛭中大约75%是吸血寄生虫，主要靠脊椎动物的血液为生（包括鲨鱼、硬骨鱼类、青蛙、乌龟、蛇、鳄鱼、鸟类和哺乳动物）。寄生水蛭一般不会专门攻击特定的猎物。例如，医用水蛭、欧洲医蛭通常以青蛙为食，但它也很乐意吸食人血。说到这个话题，还应该注意的是水蛭和其他生物间的饮食关系并不都能讨得水蛭的欢心。水蛭通常会吸食鱼、鸟、蜥蜴、蛇，甚至其他水蛭的血[1]。

根据水蛭专家以及美国自然历史博物馆馆长马克·西多尔（Mark Siddall）博士所说，第一批水蛭是淡水吸血者，但是在各种水蛭种群中，其多选择进食模式进化了至少6次。有几个这样的家族成为掠食者，只吸食无脊椎动物（比如它们的堂兄弟蚯蚓、蜗牛，甚至其他水蛭）。与寄生水蛭可以不进食生存一段时间不同，食肉水蛭进食频繁（每三天就需进食一次）。另一个区别是一些水蛭迅速消化食物，而它们的寄生亲戚可以在内脏中将未消化状态的血液保存长达几个月。食肉水蛭也配有高度灵活的、软管状的喙，其首要任务是用来探测潜在的猎物。一旦触觉侦察完成，水蛭便将长喙插入猎物肉体，接下来的吸食过程长达几个小时，将猎物几乎所有的内部软体都吸空。通常，如果进食过程中加入了其他的食肉动物，那场面就会跟流浪汉侵袭自助餐厅一样惨烈。每一次贪婪疯狂的吸食后将只留下遍地残骸。

一些水蛭既非寄生虫亦非捕食者，其中包括蛭蚓科（Branchiobdellidae）家族的几个成员[2]。这些物种引人注意的是，它们有将高度特定的栖息地——淡水小龙虾的壳——分区的习惯。对水蛭来说，这些迷你龙虾的坚硬外壳似乎并不是一个可以闲逛的地方[3]——一个壳里差不多栖息着7种水蛭。在小环境里，分区是一个极端的例子，不同水蛭居住在小龙虾身体的不同部位。例如，一个类型的水蛭依附小龙虾的触角，而另一个类型则在带有螯的腿

① James H. Thorp and Alan P. Covich, eds., *Ecology and Classification of North American Freshwater Invertebrates* (New York: Academic Press, 1991), 428.
② Roy T. Sawyer, *Leech Biology and Behavior*, vol. 2: *Feeding Biology, Ecology, and Systematics* (Oxford, England: Clarendon Press, 1986), 430-432.
③ Thorp and Covich, *Ecology and Classification of North American Freshwater Invertebrates*, 451-452.

部（螯足）谋生。与寄生水蛭以宿主的血液为食不同，这些蛭蚓科成员的行为更像前面提到的内共生细菌生活在哺乳动物（如牛）的内脏中。即使没有细菌内共生体对宿主那么重要，这些外共生生物也为小龙虾提供服务——清除附着在小龙虾身体上的小型底栖生物（藻类、硅藻和细菌）。

这个水蛭—小龙虾联盟对宿主并不总是那么积极主动，因为有些蛭蚓科成员不提供上述清洁服务。没有物种会完全无害，它们不过是机会主义者，在邋遢的小龙虾将食物撕碎成易于进食的小块，也就是那些四处散落的有机物碎屑时，趁机分得一杯羹。然而，有一种蛭蚓科成员是寄生的。它生活在小龙虾的鳃室里，并以同一只淡水小龙虾的鳃丝和血液为食，因为这只小龙虾的身体已被它那些非寄生虫的堂兄弟泾渭分明地各自占领。然而，糟糕的是，由于小龙虾滋生了太多水蛭，以至于有时整个身体看起来好像被会动的毯子覆盖一样，最终，还会被它们杀死[1]。

早期人们使用水蛭放血反映了其作为一种治疗工具的重要性。当"呼吸静脉"不那么通畅时，水蛭提供了另一个选择。例如，水蛭可以应用到身体上那些很难或根本不可能以切口或其他方式放血的部位。扁桃体发炎可能就需要把水蛭附着于病人的喉咙处，它还可以用来治疗顽固性痔疮，被应用于阴囊处治疗由淋病引发的睾丸

① 有兴趣了解更多水蛭知识的读者可参考罗伊·索耶（Roy T. Sawyer）的三卷巨著《水蛭的生物学及行为》（*Leech Biology and Behavior*），由克拉伦登出版社（Clarendon Press）1986年出版。

肿胀，被用来治疗女性生殖系统疾病。此外，水蛭还是给那些"需要温柔失血"的妇女和儿童放血的首选工具[①]。

历史上最有争议的也是最怪异的水蛭用法，要数16世纪法国历史学家皮埃尔·德布朗托姆（Pierre de Brantôme）讲述的，在新婚之夜将水蛭放入女人的阴道，这样她们就可以"（虽然已经不是处女之身了，但可以使她们）看起来仍像处女或少女一样……随着勇敢的丈夫在新婚之夜占有她们，挤破这些吸饱血的胖虫，血液即可流出"。

据皮埃尔所说，破掉（或重创）这种虚假的处女膜一定会导致"有环节动物援助式"的性交后的快感："给双方带来既血腥又巨大的乐趣，这样，城堡的荣誉就安然无恙了。"

呃……无语。

药用水蛭的使用达到顶峰是在欧洲19世纪的上半叶[②]，拿破仑的首席外科医生弗朗索瓦—约瑟夫·布鲁赛（Francois-Joseph Broussais）将所有疾病都归因于过多的血液（1500年后又见盖伦的"多血症"）。因此，布鲁赛指定使用水蛭（和总是那么受欢迎的"饥饿"疗法一样），就像今天的医生可能会推荐阿司匹林和卧床休息一样普遍。鉴于布鲁赛在欧洲医学界的巨大影响，19世纪30年代水蛭的使用呈爆炸性增长，仅1833年一年就使用了超过4100万条水蛭。法国军队用放血处理所有可以想到的小病痛。有的治疗一次使用多达50条水蛭。这么多水蛭挂在身上，据说就像穿着闪闪发光的"盔甲"一样。对潮流和时尚敏锐的女士甚至会穿着"布鲁赛

---

① Robert and Michèle Root-Bernstein, *Honey, Mud, Maggots, and Other Medical Marvels* (New York: Houghton Mifflin, 1997), 90.

② Ibid.

式"（à la Broussais）服装①，浑身装饰着人造水蛭。水蛭用得太多，以至于药用水蛭濒临灭绝（现在仍是濒危物种）。最后他们不得不从亚洲等地进口水蛭②。

鉴于当时极度匮乏的情况，收集水蛭成为一个稳定的（虽然不是特别愉快的）创收渠道。几乎所有打算开始捕获水蛭这个职业生涯的人都要访问水蛭栖息的湖泊、池塘和沼泽。水蛭采集者只需简单地卷起裤子（或裙子），涉水到大批水蛭出没的水域即可。然后懒散地消磨时间（沼泽突然变成了一个闲逛的地方），直到一两条饥饿的水蛭游经此处，决定抓住你的腿或脚。一旦这寄生虫将自己吸附在那里，"幸运"收集器就会轻轻地把水蛭拔下来并将其放入一个篮子里。想必这些从业多年的人已能抓住水蛭刚附着上但又没有开口咬的时机将其捕获。但对许多人来说，用这种方式收集水蛭似乎不是什么舒适的谋生方式。正如伍德教士（Reverend J. G. Wood）1885年③所说：

> 水蛭采集者以不同的方式工作。最简单、最成功的方法是涉水，然后迅速摘取吸附在裸露腿部的水蛭。然而，对采集者的健康来说这绝不是什么好事。随着血液不断流失，他们会变得消瘦、苍白，像个幽灵。对于为了养活这些嗜血环

---

① "*Hirudo medicinalis*, Leech History," http://www.leeches-medicinalis.com/history.htm, 2006.

② 根据美国自然历史博物馆水蛭专家马克·西多尔所说，目前"水蛭·美国"这类单位培育的水蛭并非真正的欧洲医蛭，而是侧纹医蛭 [*Hirudo verbana*，不是国际濒危物种贸易公约（the Convention on International Trade in Endangered Species，简称CITES）的保护物种，也没有被美国食品药品监督管理局批准用作医疗器械]。重要的是，看来横跨欧洲的野生水蛭包括三个独立的品种，至少可创造出比目前多三倍的抗凝化合物。鲁迪说，如果新的分类被大众所接受，他将申请延长对侧纹医蛭的许可使用期。

③ J. G. Wood, *Animate Creation: A Popular Edition of Our Living World: a Natural History*, vol. 3 (New York: Selmar Hess, 1885), 598.

节动物而间或被赶入池塘的年老牲畜来说，这些人是同病相怜的伙伴。

"现在，水蛭被放在混入部分蒸馏水的水箱中低温培养，"鲁迪说，"它们是雌雄同体，所以每一只都能受孕。交配后，它们蠕动到地面上产卵。卵看起来像泡沫小足球，大约三周后孵化成幼虫。"[1]

"你们在这儿养自己用的水蛭吗？"我问道。

"不，我们从一家名为里卡兰培斯（Ricarimpex）的公司买进成虫，他们从1845年起就从事这个行业。"

---

[1] 像许多淡水水蛭一样，水蛭在寒冷的水中最活跃（约华氏42~45度或5~7摄氏度）。据推测，在这个温度下它们的猎物在水中行动最迟缓，最不敏感，因此最易受攻击。许多种水蛭在温水中显得虚弱不堪，可能是由于溶解氧的下降。有一些淡水水蛭捕食鱼类，快速升高的水温恰恰使得水蛭远离猎物，于是水蛭只能繁殖，然后死亡。参见Sawyer, *Leech Biology and Behavior*, vol. 2: *Feeding Biology, Ecology, and Systematics* (Oxford, England: Clarendon Press, 1986), 626-627。

"呀！"我叫道。印象中任何公司都可以取这么个名字，即便出售的不是水蛭，这名字就好像醉酒之夜的拼字游戏。我甚至一度想要暗示（"像'里卡兰培斯'这样的名字一看就知道产品不怎么样啊！"），但话到嘴边又咽了回去。

"还有家公司，叫'生物制药'（Biopharm），由罗伊·索耶开设于南威尔士。"

"'生物制药'？好名字。"我说。大概是我回答得太快了，鲁迪困惑地瞄了我一眼。

早在19世纪初，包括里卡兰培斯在内的几家公司于法国波尔多附近的沼泽地区涌现出来［原公司名称实际上是里卡德—迪百斯特—比柴德（Ricard-Debest-Bechade）］。由于布鲁赛博士的品牌药"小病小痛用水蛭"的出现，水蛭突然供不应求，导致水蛭培育行业繁荣。现在水蛭需求量太大，水蛭饲养和建立永久繁殖池很快便取代了"涉水并守株待兔"这类陈旧的捕获技术。新建的公路和铁路意味着水蛭可以被送到更远的地方。尽管美洲水蛭存在相对体形较小的缺陷，但用水蛭吸血这一疗法在美国仍然被广泛使用。

人类使用的大部分（但不是全部）水蛭都用于与放血有关的各种用途。1850年，乔治·梅里韦瑟（George Merryweather）博士提出了一个更卓越的水蛭非药用方法，他的灵感来自于对爱德华·詹纳（Edward Jenner）的诗《下雨的迹象》（*Signs of Rain*）其中一节的揣摩：

被惊扰的水蛭奋起反抗，

迅速爬向牢笼的最高点。

梅里韦瑟将这句诗解释为，药用水蛭对大气中电气条件的敏感性和反应可以作为一个参考，他试图利用此事对即将到来的风暴进行预测。他创建的工具名为"风暴预测器"（Tempest Prognosticator），由12个容量为一品脱的瓶子组成，每个瓶子可盛约3.8厘米高的雨水。瓶子被摆成一圈放置在一个大铃铛下面。梅里韦瑟说，这种构造可以让水蛭处于互相看得见的地方，从而防止它们"感受到单独监禁的抑郁"。每个瓶子的顶部都是一根狭窄的金属管，在每根管内都有一块雕刻着"鲸须"（whalebone）的小牌子，牌子连接着电线①。12根连接着铃铛的电线末端系有微型锤。这个装置的原理是，如果水蛭进入管内——它们只有在天气变坏的时候才会这样做——鲸须将被移动。鲸须的移位拉动电线，导致铃铛被敲响。水蛭进入的次数越多，铃声则越频繁，由此显示接近的风暴的相对强度。虽然风暴预测器成功运行，但科学家们认为水蛭实际上是对气压有反应而不是对电活动的变化有感应②。

1851年，在伦敦水晶宫举办的博览会上，梅里韦瑟得意地展示

---

① 鲸须（whalebone）是外行人的叫法，其实真正的鲸须（baleen）指的并不是骨头，而是由防水的角质蛋白组成，是生长在鲸（如蓝鲸）嘴巴上的片状物。鲸须的生化反应与头发类似，在潮湿的空气中往往发生弯曲或卷曲，而在干燥的空气中则理顺舒展。这个属性或许能用来解释为什么梅里韦瑟将它用于他的装置中；或许不能解释，因为有些模糊的描述使它的最终功能仍不确定。
② 曾有一项关于黑鳍鲨（*Carcharhinus limbatus*）幼体的研究，报道称它们会随着热带风暴接近产生的气压变化而潜入更深的水中。美国自然历史博物馆的达林·伦德（Darrin Lunde）认为梅里韦瑟的水蛭垂直迁移是可以解释通的，因为事实是，水生水蛭只有当环境变得潮湿时才会离开水来到陆地上，而潮湿通常伴有气压的大幅下降。参见M. R. Heupel, C. A. Simpfendorfer and R. E. Hueter, "Running Before the Storm: Blacktip Sharks Respond to Falling Barometric Pressure Associated with Tropical Storm Gabrielle," *Journal of Fish Biology* 63, no. 5 (2003): 1357–1363。

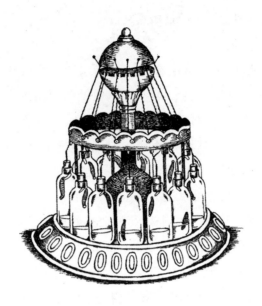

了他的"水蛭晴雨表"。他恳求政府官员采用他的设计，并展望了将这种水蛭晴雨表环绕英格兰的海岸线设置一圈的盛况。他还到处游说，认为大英帝国伟大舰队的每艘船上都应放置风暴预测器。然而，英国皇家海军却选择了由罗伯特·菲茨罗伊（Robert Fitzroy）船长设计的一个无环节动物的晴雨表（即"气候变化预测管"）。菲茨罗伊几年前就在英国舰队"贝格尔号"（H.M.S. *Beagle*）上使用了这一设备，不过那次航行却并不是因为这个才如雷贯耳、声名远播的。

　　除了梅里韦瑟博士这个命途多舛的例外，大多数人之所以接触到水蛭，多半是因为生病了。水蛭给许多历史名人放过血，尽管他们后来无一成为该治疗方法的代言人。

　　　　　　　　黑色盛宴

1824年4月，拜伦（Byron）在希腊的一次军事行动中癫痫发作，这可能与他吸毒成瘾有关，而且他先前曾感染过淋病和疟疾，或许还有些饮食失调。住院后，这位诗人因发烧严重，心烦意乱，他的医生提出了在他的眉头放水蛭来治疗。

"该死的屠夫。"在精神错乱和偏执狂发作的间隙，拜伦如此称呼水蛭。不知怎么，他总觉得医生想谋杀他。

拜伦的病情继续恶化，直到处于虚弱状态，才同意了医生的建议。医生们集体松了一口气，伟大的诗人终于恢复了理智。

治疗马上开始，12～20只脱离水的水蛭被附着于拜伦滚烫的额头上。饥饿的动物开始吸食，据说吸掉了他两磅血液。不幸的是，体内充斥病原体的诗人于第二天离世，年仅36岁[1]。

水蛭也常用来治疗中风。虽然关于苏联的铁腕人物约瑟夫·斯大林逝世的日子存有争议，但人们还是普遍认为，在经历了大规模脑血管受损（cerebro vascular accident）几天之后，他死于1953年3月5日。[2]八年前罗斯福也死于这种疾病。

一些人争论说，13小时后被召见的医生发现斯大林躺在自己的一摊尿液中，惊恐的医生[3]将8只水蛭放在这位独裁者的耳后给他放

---

[1] 一直有传闻称，拜伦才是《吸血鬼》（*The Vampyre*）真正的作者，这归功于他生前的一位旧友，内科医生约翰·波利多里（John Polidori）。显然，拜伦在1816年那个鸦片酊燃烧的夏天得到了灵感，他和他的朋友们（包括玛丽·沃斯通克拉夫科·雪莱）在日内瓦湖边编织出了这个恐怖的故事。在拜伦丢弃了这个想法后，波利多里将其扩大成一部短篇小说，主角为贵族鲁斯温勋爵，这是布莱姆·斯托克的德古拉伯爵的灵感来源。

[2] A. Mark Clarfield, "Stalin's Death (or 'Death of a Tyrant')," *Annals of Long-Term Care* 13, no. 3 (March 2005)：52-54.

[3] 斯大林在声称医生们都是阴谋摧毁苏联人民的邪恶的犹太人后不久，就发动了一次"医生大清洗"（包括他自己的医生）。斯大林宣称，叛逆的医生正在谋杀苏联的政治家。据传言，西伯利亚大规模驱逐犹太人就是从1953年3月5日开始的。参见Edvard Radzinsky, *Stalin* (New York: Doubleday, 1996), 552-565。

血[①]。医生用颤抖的手，拿海绵蘸着芳香醋擦拭他，然后尝试给他注入樟脑和咖啡因（而且很可能还有其他他们在别墅里能找到的东西）。但这些努力都白费了，据斯大林的女儿斯维特拉娜所说，遭受病痛的独裁者在最后时刻暴跳如雷，她说这是他最后一次大骂当时在房间里的所有人。然后，约瑟夫·斯大林倒毙，被自己的尿液浸透，并从被寄生虫穿透的耳廓背后渗出血来。

自从他死后，有人便指责对斯大林的治疗可能存在故意延迟（尽管显然这已达成共识，13个小时并不算真的延迟很久）。在任何情况下，我们都可以认为，鉴于苏联这个国家在1953年的医疗水平，等待未必是件坏事。

最后一位是《尤利西斯》（*Ulysses*）的作者詹姆斯·乔伊斯（James Joyce），他接受水蛭的定期治疗，但结果也只是比拜伦和斯大林所经历的稍微好那么一点点。除了在后半生中一直用"十一只眼的家伙"做治疗，这位爱尔兰作家偶尔也把水蛭用在"眼睛外围"。然而现在尚不清楚，究竟是指脸上的某个地方（他的眼睛周围），还是（我们希望不太可能）附加到眼睛的表面。不幸的是，这些治疗方法都无法阻止他由白内障引发的失明。1941年，乔伊斯死于与此毫不相干的穿孔性溃疡。

医生在使用水蛭时遇到的困扰是，水蛭总是想离开它被放置的地方。在将水蛭插入身体的某些孔洞的情况下，首先要将用线绳所做的套索放在水蛭周围防止它爬向其他地方。同样，当水蛭被应

① Edvard Radzinsky, *Stalin* (New York: Doubleday, 1996), 574.

　　　　　　　　　　黑色盛宴

用在身体上的一个开放性伤口处（如治疗拳击手被打开花的耳朵），可能会将一团棉花塞入附近的孔洞以防水蛭进入不该去的地方探险。据推测，在19世纪这是颇受欢迎的举措，因为有报道称曾有水蛭爬入一个病人的子宫①，而在另一个案例中，快速移动的水蛭消失在了病人的直肠中②。

鲁迪说，除了将水蛭放在难以放血的部位缓解症状外，其咬的过程是基本无痛的，因为在水蛭的唾液中发现有一种物质是麻醉神经的麻醉剂。

"可能会有点小痛感，"鲁迪告诉我，"但过会儿就没什么了。"

下口咬的同时还不会打扰猎物，这真是水蛭生活方式的一个重要的适应能力，这也使得这些鬼鬼祟祟的小生物能安全存活到繁殖期。与吸血蝙蝠的咬一样，如果水蛭让猎物感到任何小小的不适，成功进食的概率将会大大降低。

"医用水蛭有三个颚，"鲁迪继续说，"它们像梅赛德斯·奔驰的商标那样排列，每张嘴里有大约100颗牙齿。"③

"皮肤肌肉控制水蛭的前端罩住咬的部位，形成密闭空间，然后其他肌肉驱动下巴，像一把锯子一样来回切割皮肤。"

钻营大个儿的目标如拉车的水牛，甚至大象的水蛭有更大的颚和更多的小齿，这些使它们能够割穿又厚又硬的皮④。

---

① A. Park, "The Case of the Disappearing Leech," *British Journal of Plastic Surgery* 46 (1993): 543.

② 我很好奇，像布朗托姆作品里所描述的那种"新婚之夜"用的水蛭，当它们看起来像个盲人却精力充沛的相似物（勃起的男性生殖器）所攻击时，任何此类装置（如棉花）是否都能阻止它们逃生？

③ 水蛭的牙齿，更准确地说应该称为小齿，因为它们与脊椎动物的牙齿并不是同一个进化起源。

④ Sawyer, *Leech Biology and behavior*, vol. 2: *Feeding Biology, Ecology, and Systemtics*, 454.

正如前面所提到的，绝大多数水蛭（包括欧洲医蛭）尾部附近都额外有一个吸盘①。这个尾部的吸盘并没有与之关联的小齿，不过其功能主要在于移动，并为水蛭将自身附着于宿主的身体上提供了一个额外的接触点。

吸盘附着实际上由两部分组成：通过腺分泌物产生的附着力和通过肌肉圆盘生成的负压力，水蛭专家索耶将其描述为"精密的吸吮工具"②。吸盘的内表面镶有腺体，分泌黏液状的多糖来帮助附着（一团湿卫生纸以同样的方式可以牢牢地粘在宿舍卫生间的天花板上）。在一些捕食鱼类的水蛭身上，这种黏物质实际上是一种肉溶解酶，会在附着处留下永久的疤痕（通常在鳍附近）。

鲁迪解释说，要不是水蛭能产生人类所知的最有效的抗凝血剂，这些欧洲医蛭的适应性会使它们比现在"很少遇到但真是恶心又烦人"的状态更变本加厉。19世纪晚期，水蛭的这种功能被鉴定出来；20世纪50年代，这种物质（现在称为水蛭素）可以被提纯，30年后被成功克隆。像吸血蝙蝠唾液中发现的抗凝结物质一样，水蛭素有助于将药用水蛭和它的一些亲戚转换为超级进化的吸血鬼。当被释放到咬开的伤口时，水蛭素与止痛的麻醉剂、血管舒张剂以及另一种物质（透明质酸酶）一道，可用于促进水蛭强效的唾液混合物在患处周围扩散。

起初，前吸盘产生的负压力使血液从伤口流出，但不久，随着水蛭消化道波浪式的蠕动收缩，吸力增强。水蛭附着在宿主身上可长达一个小时，有时摄取其自重十倍的血液（比如，药用水蛭每顿消耗大约10毫升的血液）。一旦吃饱喝足，水蛭（膨胀得像一个充

---

① 这就需要一个位于背侧的肛门。
② Sawyer, *Leech Biology and behavior*, vol.2: *Feeding Biology, Ecology, and Systematics*, 358.

满血的肉球）释放吸力，随后脱落。根据种类不同，水蛭在两餐之间最多可以存活三年。

对宿主来说，即使在水蛭脱落后，被咬的影响还远未结束。与被吸血蝙蝠袭击的后果一样，伤口部位持续出血将长达10个小时，这将导致相当的混乱。甚至在受控条件下，接受水蛭疗法的患者有时需要输血来补充因水蛭完成工作而失去的血液。

除了经常的大量失血，水蛭咬伤可能还会导致其他问题。嗜水气单胞菌（*Aeromonas hydrophila*）是生活在水蛭内脏中的内共生细菌，它会使人类的伤口部位产生感染，并导致腹泻。正因如此，水蛭治疗往往要伴随一个使用抗生素的疗程。

水蛭体内的气单胞菌（*Aeromonas*）是做什么用的呢？

研究人员认为，除了协助消化，气单胞菌还会产生代谢副产品作为水蛭的维生素和必需氨基酸。和其他内共生体一样，气单胞菌在这得到了一个安全的地方居住、进食和繁殖。同样，其他种类的内共生细菌也生活在蚊子和吸血蝙蝠的内脏中[1]。

通常，水蛭唾液会携带更严重的病原体，包括一种被称为锥体虫的血液寄生虫。这些原生生物（有着显著又凸出的鞭子样的鞭毛）会使人类和非人类宿主发生严重的疾病。谢天谢地，几乎没有爆出过水蛭—人类的感染传播，可能由于水蛭在这类鞭毛虫处于感染性阶段时并未携带它。这跟在猎蝽等昆虫身上发现的差不多（昆虫家庭与锥体虫之间已经进化出了一种相当漫长而复杂的关系）。

---

[1] H. E. Müller, M. Pinus and Uwe Schmidt, "*Aeromonas hydrophila* as a Normal Intestinal Bacterium of the Vampire Bat, *Desmodus rotundus*," *Zentralblatt Für Veterinäermed Reihe* B 27, no. 5 (1980), 419-424.

"只有欧洲医蛭将这些特点完美地结合，"鲁迪不无骄傲地说，"身形、咬的技巧、适量的水蛭素。"

　　"你是怎么让它们只咬在需要咬的地方的？"我问道。

　　"以前使用羽茎或空心管。将水蛭放入管内，然后将载着水蛭的管子抵住需要水蛭咬的部位。"

　　我还了解到，兼职医生或其他"用蛭人"会把许多水蛭放在一个茶杯里，然后把茶杯倒扣，按在病人的患处直到水蛭们领会了指令开始行动。

　　"不过现在，他们只是在消毒纱布片中切割出一个小洞，把小洞对准指定的部位，然后把水蛭的头部放在洞口周围。纱布可以防止水蛭四处乱爬，但最好还是留心着点儿。"

　　"它们有食欲不振的时候吗？"我问。

　　"嗯，它们其实还挺挑剔的。"鲁迪笑着说，"水蛭讨厌香皂和难闻的发胶气味。通常，如果这人是个大烟鬼或者最近吃了大蒜，它们是不会去吸附的。"

　　我想我此时的表情一定很不淡定。

　　"我指的是患者。"

　　"我懂，"我说，"那如果遇到水蛭'不想咬'的时候，怎么办呢？"

　　"基本上，如果你把患处洗干净并剃掉体毛，然后滴上几滴血、糖水或者牛奶，就可以使它们开胃了。"

　　"如果这些还不起作用怎么办？"

　　"你可以试试把皮肤擦伤一点。有时将水蛭浸在稀释的葡萄酒或温的黑啤中，可以讨得它们的欢心。如果它们还是不咬，那就只需告诉医生——换下一条。"①

"治疗之后水蛭们会怎样？"

鲁迪皱起了眉头。"哦，很不幸，治疗过程就是它们最后的晚餐了。"他回答道，"科学家们发现一些人类血液细胞可在药用水蛭体内存活长达六个月。"显然，他们仍然在试图弄明白这是怎么回事，但似乎与气单胞菌属细菌释放的化学物质会杀死其他可能存在的细菌有关，这些细菌或许会使鲜活的血液坏死。

"无论如何，如果水蛭重复利用，会传播血液传染病，所以底线是，一旦水蛭吃饱，它们就要被当成医疗垃圾处理掉。"

"你们是怎么处理的？"

"一般是浸在酒精中。"鲁迪说，然后从眼镜上方看了我一眼，"但是你绝对不要企图把它们倒入马桶里。"

我立马上了钩："怎么回事？"

"唔，有一天我接到医院打来的电话，出于某些原因他们决定处理掉他们的水蛭，所以他们把水蛭倒进了厕所。"

---

① 在1994年的一项研究中，挪威人安德斯·巴尔海姆（Anders Baerheim）和豪格尼·桑维克（Hogne Sandvik）证明，将药用水蛭短时间淹在吉尼斯黑啤酒中（控制在92～187秒）后，它们需要两倍长的时间才会开始咬人。据作者所说："浸在啤酒中的水蛭改变原有行为，身体的前部摇摆，失去控制，或垂在背上。"大概是水蛭清醒过来后，他们又做了一次无聊的测试：在皮肤上涂一点酸奶油或许会鼓励水蛭更乐于吸血。但他们的研究结果并不支持这一说法。最后，巴尔海姆和桑维克把水蛭放在抹过大蒜的手臂上。研究人员报道，水蛭"开始蠕动，爬向非预设的吸血位置"，"没有达成咬的这一协调过程"。两个半小时后，两只水蛭都死于暴露在大蒜擦洗过的手臂上，实验终止。为了避免读者质疑这一研究的严肃性和科学性，作者们在书中的致谢部分感谢了当地的啤酒厂"提供足够多的宝贵的液体来满足所有参与者的研究需求"。他们还感谢热情的水蛭，并向读者保证这些蠕虫"据说对桑维克提供自己珍贵的体液是心存感激的"。参见Anders Baerheim and Hogne Sanvik, "Effect of Ale, Garlic, and Soured Cream on the Appetite of Leeches," *British Medical Journal* 309 (December 24, 1994):1689。

"然后呢？"

我注意到这位水蛭行家几乎无法掩饰自己的愉悦了。"哦，显然，水蛭们喜欢这个主意，它们是逃脱大师，被倒掉没多久就出现在了医院所有的厕所中。他们给我打电话的时候，医院里的人都疯了。"

"你是怎么跟他们说的？"我开始期盼听到一些真正独家的真枪实弹的演练经验。

鲁迪扬了扬手："我告诉他们，去拿个网子吧。"

到了19世纪晚期，放血和吸血这样古老的技术开始被医学的进步抢了风头[1]。医生将工作重点从心态失衡转移到细菌这类疾病和感染的病原体。一些大胆的研究人员甚至声称，放血对病人来说可能弊大于利。不出所料，医学界最初表现出一些改革阻力，毕竟放血疗法在医学界实行了很长时间。有些医生在放弃给患者放血这方面显然比其他人有更多的说辞，他们居然声称是工业化乃至地球磁场的变化导致了近期给患者的放血没有疗效。

20世纪30年代，对水蛭的需求量大幅下降，直到70年代中期几乎所需无几。在纽约和波士顿，20年代的药剂师出售水蛭，主要是用于治疗黑眼圈。一般来说，水蛭已经仅限于在极少数、罕见的情况下才作为一种治疗工具来使用，大多数水蛭育种者被迫另谋出路。

"到了20世纪70年代，"鲁迪说，"少数医生开始在修复手术之

---

[1] J. S. Haller Jr., "Decline of Bloodletting: A Study in 19th-Century Ratiocinations," *South Medical Journal* 79 (1986): 469-475.

后使用水蛭，特别是重植手术。在越南服役后，有些人重施故技，现在他们想把水蛭引回国内。"

鲁迪讲了讲他的生意伙伴玛丽·波娜欣加（Marie Bonazinga），是如何在20世纪80年代初的一个药用水蛭国际会议上，遇到里卡兰培斯的主席雅克·德巴雷克斯（Jacques des Barax）的。不久之后，"水蛭·美国"成立，美国和加拿大的外科医生能够方便获取这古老却珍贵的外科助理，几乎不用培训（如果有的话）就是成手，水蛭还可以被连夜邮寄、快递，甚至搭乘直升机运走。目前里卡兰培斯每年销售大约7万条水蛭[1]。

鲁迪又讲述了许多案例。有些从他们公司出来的水蛭会非常高调地亮相，并在外科重植方面发挥了重要作用。有这样一个案例，一个年轻的女音乐家摔下纽约地铁站台，一只手被列车碾断。这位女士的手再植成功了，虽然她不能继续乐器演奏家的职业生涯，但她成为了一名成功的职业治疗师。

另一个案例关于约翰·韦恩·博比特（John Wayne Bobbitt），他的妻子洛雷娜怀疑他出轨而割掉了他的生殖器，这事真是远近皆知。博比特太太带着被切下来的生殖器开车驶离，途中将它丢出了窗外。值得庆幸的是，被切掉的部分被一个目光敏锐的警察找到。于是鲁迪的公司被要求供应水蛭来执行一个重植—扩大的组合手术。

除了在手指和耳朵等这类接续结构的部位起到重要作用外，曾有一百多条水蛭被用于历时几周的修复手术——有个人一不小心将

---

[1] 像威斯康星大学最近发明人工水蛭的研究人员所说的那样，并不是每个人都迷恋水蛭治疗。人工水蛭的设计大体上是一个玻璃真空室，带有互相独立的吸入管和肝素抗凝剂的引入管。插入皮下后，盘状尖端会旋转来抑制血液凝固。

头皮从头骨上剥落了。一般来说，这虽然很罕见，但确实发生过，比如头发被卷入重型机械。

乳房重建也普遍使用水蛭，尽管在1993年曾发生过水蛭在手术后失踪的事情。有关医生最终确定，这任性的家伙已经进入了缝合的伤口，四处溜达的小家伙最终从病人的乳房中取出。

水蛭疗法还用于移植手术，即皮肤或肌肉从身体的一个部位移植到另一个部位。两位斯洛文尼亚外科医生在1960年曾将他们的研究结果发表在《英国整形外科杂志》（*The British Journal of Plastic Surgery*）上，记录了他们所进行的首次有水蛭援助的移植手术。没想到13年后，这一手段拯救了我父亲的腿。

1973年7月，我父亲卷入了一场可怕的水运技术事故中，当时我们正在纽约度假。滑雪船的螺旋桨发动机撕开了他的膝盖，留下了一个可怕的伤口，外科医生几乎没办法重建关节。

为了替换膝盖周围遗失的皮肉，一个多步骤的手术开始了。先从父亲的腹部皮瓣组织移走一片皮肤，然后组合成一个管状结构。一周左右后，管的一端从他的身体脱离，接在了他的手腕附近（管的另一端约20厘米长连在父亲的肚脐一侧）。循环重新建立后，腹部的管子被移走，接在略低于肘部的地方，看起来就好像他的前臂生出了一个把手。

在这种手术中，当一片皮肤"来到"新地方，一般会用水蛭来疏通开始坏死的转移来的皮肤（移来的皮肤开始从粉色变为紫色）。

"瞧瞧啊，比利，"我记得父亲曾说，"他们要把我变成个行李箱呢！"

我只能说，面对这惨不忍睹的膝盖，母亲完全消沉了，虽然她一直瞒着父亲。

"我觉得看着还算齐整。"离开医院后我对她说。

"大概吧。"她摇着头。

等父亲的"把手"情况稳定了，一端就脱离他的腹部而被缝合到他大腿上略高于受损膝盖的地方。经历了极其不舒服的最初两周后（他不得不将左臂与左大腿之间那个20厘米长的管维护周全），"把手"在手臂的一端被转移到膝盖下方。

在整个痛苦和折磨的过程中，父亲从未抱怨过一次。手术的三年之后，他的膝关节基本上愈合在一起了。回家不到一个月，父亲就开始寂寞难耐迫不及待，几个月后便回到了工作岗位，重新开起了油罐车①。

水蛭除了可以用于吸走重植部分或者移植部分的瘀血，研究人员目前正在探索它的另一种功能，水蛭的唾液中含有一种未被确定的药理学有效活性化合物，其中含有抗组胺和抗生素。

"水蛭和它的一些亲戚可为与糖尿病有关的关节炎和循环系统疾病提供替代治疗。"鲁迪说。

20世纪80年代早期，鲁迪在接到他住在圣地亚哥的姐姐的电话后，所面临的情况，就是与糖尿病有关的循环系统疾病。

"她说我母亲的腿完全变色了，医生想马上截肢。她那时已经82岁了。"

鲁迪叙述了他是怎样指导他的姐姐在他到达之前尽量拖延手

① 回到工作岗位后不到三年，父亲罹患中风，在此后13年的生命中身心俱残。威廉·舒特先生，我的父亲，死于1992年的春天，享年71岁。他从"大萧条"的贫困、诺曼底登陆、噩梦般的事故和严重的中风瘫痪中幸存了下来。他是我见过的最勇敢的人。

术，然后他告诉他母亲自己的主意。

"我问她，我是否可以试一试用水蛭去恢复她腿上的循环系统。她同意了，然后我就开始行动了。"

鲁迪把12条水蛭"扑通扑通"扔进装满蒸馏水的罐子里，封紧，然后直奔机场，搭乘去圣地亚哥的第一班飞机。

"到了那，我看到她的腿已严重变形，差不多都呈黑色了。我试着放上第一条水蛭，它拒绝咬上去。"

我马上探身过去倾听，都快坐到椅子的边上了。

"我把腿上皮肤擦破一点，大约15分钟后，第二只水蛭也上阵了。不到10分钟，她的脚趾开始变为粉色。"

"真难以置信！"我惊叹。

"是的，我也这么觉着。我紧张地治疗了三天。"

"然后呢？"

鲁迪咧嘴一笑，抬头看了一眼相框，照片上一位面带微笑的女人坐在椅子上。她差不多可以扮演阿尔伯特·爱因斯坦的妈妈了。"她活到97岁，双腿都在。"①

---

① 鲁迪在讲完故事后重申，不应该在家里或在没有医生监督的情况下使用水蛭疗法。

　　　　　　　　　　　黑色盛宴

臭虫和更厉害的家伙

没在它们上面躺过，就不知道臭虫的厉害。

——斯瓦希里谚语

也许你的马克杯上会有臭虫，

但是我的心里却不再有烦恼。

——温德尔·伍兹·霍尔《不会再下雨了》

噢！我的一生劣迹斑斑！

——《哈姆雷特》第5幕第2景

第七章

与敌共枕眠

　　路易斯·索金（Louis Sorkin）越过堆着高高的纸板标本盒和大大小小玻璃瓶的桌子朝我伸过手来。桌上那些特百惠塑料盒子，多得简直够整个曼哈顿上西区搞个派对了。他与另一个昆虫学家共用同一间办公室（实验室），但这"同室"还真是个挑战：男人们在一个由与昆虫相关的设备搭成的"岛"的两侧工作，这个"岛"从美国自然历史博物馆的五楼一直堆到这个房间中部的三分之二处。

　　"要不要看看我的臭虫？"到达几分钟后，路易斯就这样问我，就像问想不想看看他孩子在学校新拍的照片一样。

　　"求之不得。"我回答道。他攥着个拳头大小的罐头瓶，我从座位上探身过去，接过这个带金属盖的容器。

　　我马上注意到，罐子的底部缠满了胶布，另有一圈胶带用来封住金属盖。盖子中部约四分之一大小的一圈被拿掉，覆盖着一层细网格。后来得知，这是从浮游生物采集网上截下来的，用厚软的硅胶固定在瓶盖上，用来保护瓶内的天花板。

　　我猜，是气孔。让我惊恐的是，后来我发现只猜对了一半。

罐子里是灰纸板的挡板，像手风琴般折叠。我略倾斜容器，做了更细致的观察，纸板上镶嵌着小黑点，却不动。空的。

"我什么也看不到。"我说。过了片刻，我好像看见了什么，纸板黑暗的褶皱处有什么东西在移动。

"用手掌把罐子包住。"路易斯示范给我看，他把手端起来做了个祷告的姿势。

我遵照指示做，虽然还是看不到容器里有什么，但大约15秒之后，昆虫学家冲我点点头："应该可以看到了。"

我把罐头瓶移到左手里，拿得离脸近些，便于窥探。

"哎哟！"我尖叫道，拿罐子的手不停摇晃。我紧握着罐子，并把它举得远远的。

罐子的整个内表面正在进行如火如荼的运动会，小的扁椭圆形状、一些如苹果籽般大小、一些更像芝麻的生物正疯狂地把自己贴在玻璃壁上。越来越多的小东西现身了，在几秒钟内，仅仅一片折叠纸板就涌出数百只。

路易斯站在我背后。

"凑近点看。"他说道。

我眯起了双眼，还有别的东西，在移动的小点和小粒中间有更小的点，几乎看不见，之所以注意到它们也只是因为它们表现出比普通的灰尘颗粒更会移动。事实上，如果说有什么特殊的话，那就是它们的动作甚至比周围攀爬的"巨人"还要疯狂。

我发现自己在检查罐子的密封硅圈，并很快意识到，这道薄薄的玻璃壁和硅胶圈是能阻止臭虫冲向令它们疯狂的对象——也就是我本人——的唯一屏障。

"一会儿我会让你来喂喂它们，如果你愿意的话。"路易斯说的话听起来仿佛画外音。

数天前，我联系上路易斯，因为我很有兴趣了解一下，最近臭虫戏剧性地死灰复燃背后的真相，复兴中心似乎就在纽约城①。每个星期当地报纸都会专题报道，人们在睡梦中被小吸血鬼袭击，但奇怪的是，这些袭击事件并非发生在破旧公寓或"无名的汽车旅馆"里。在豪华健身中心锻炼、睡在豪华的环河路公寓里的富人和名人一样被吸了血。他们不仅被咬了，而且还被冒犯了（有时被咬了数百口）。这些人开始抗议，因为只有纽约人可以诉苦。国内外豪华酒店（能俯瞰中央公园的赫尔姆斯利公园酒店，英国海德公园的五星级文华东方酒店）的客人提出巨额赔偿，因为他们不仅遭受了臭虫叮咬，还带了臭虫的纪念品回家②。到了2007年1月，事态似乎发展到了狂热的程度：《乡村之声》（Village Voice）引人注目的头版头条《臭虫和超凡臭虫》，《纽约客》（New Yorker）的主要文章《夜游客》，以及《纽约时报》（New York Times）的《你一直想知道的关于臭虫的一切……》。网络文章（通常提供相互矛盾的信息）和与臭虫相关的博客在互联网上涌现，其中一些日志每月点击量逾千。甚至政客们也投身进来，纷纷立法，禁止销售二手床

①　据纽约市住房保护和发展部声称，在2003年没有关于臭虫的投诉；2004年，有79宗投诉；2005年，有928宗；2006年，有4638宗；2007年，有6889宗；2008年，有9200宗。
②　在赫尔姆斯利酒店事件中，一个墨西哥商人声称自己在酒店被臭虫咬了，案子很快就达成了庭外和解。然而文华东方酒店事件却并没有悄悄结束，这可能是因为原告是纽约城知名律师及其妻子。截至2007年3月，他们的律师提起20页、共计5次的诉讼，称这对夫妇被臭虫叮咬了一百多下，回家后臭虫还继续袭击他们，此外臭虫还搬进了他们位于曼哈顿的豪华公寓。这对夫妇正在索要超过400万美元的补偿——差不多咬一口就值4万美元。

垫。当时在媒体上受欢迎的是一些能把与臭虫的相关专业知识和良好的新闻原声摘要相结合的专家（有时候我的罗丝阿姨们会认为这都是些什么该死的奇怪做派）。在这种情况下，美国自然历史博物馆的昆虫学家路易斯·索金和由古典音乐作曲家转行成为职业灭虫师、治疗师的安迪·利纳雷斯（Andy Linares）迅速成为"臭虫超级明星"。

是什么导致了骚动？为什么臭虫会回来报复，在过去的50年或更久，它们一直在哪儿，怎样迅速传播，而我们又能够做些什么？究竟什么是臭虫呢？似乎应该从这个问题开始比较合适。

回到路易斯的办公室，我继续盯着这些拼命想咬我的小生物。"臭虫也有不同种类吗？"我注意到这些虫子似乎有大有小，继续问道。

"不，它们都是一类，只不过你看到的是发育中的六个不同阶段。"

我很快了解到，瓶子里最小的成员是"初龄虫"——渴望着第一顿血餐的刚孵出的臭虫蛹——直到开始大量进食才肉眼可见。

节肢动物门的成员（包括昆虫、蜘蛛、蝎子、螃蟹、龙虾和虾）的成长发育显示出，它们经历了与脊椎动物（如哺乳动物）遇到的颇为不同的另一系列挑战。这主要是因为节肢动物的硬骨架位于身体的外部。此外，它们并不具有专门的关节将相邻的骨骼连接起来，它们的关节实际上就是薄的、高度灵活的部分外骨骼。

这种连接结构产生的运动与脊椎动物一样（一对肌肉反向工作），唯一不同的是在节肢动物身上，肌肉存在于骨骼内而不是骨

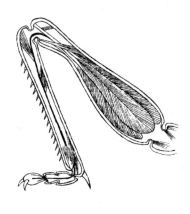

骼外①。由于外骨骼一旦硬化便不再生长，所以亚成体为了长得更大，整个骨骼就必须定期脱落。蜕皮（源自希腊语，意为"逃脱"或"滑出"）重新出现在特定的发展阶段。此时它们被称为龄虫，并最终发展为成虫②。某些节肢动物（如飞蛾和苍蝇）的初龄幼虫（分别为毛毛虫和蛆）与成虫阶段的形态完全不同。这些怪模怪样的"吃货"被称为幼虫（或幼体）。其他节肢动物（如臭虫等）的龄幼虫被称为蛹，在此后连续的每个幼虫阶段它们都会发育得越来越像成虫。

在路易斯·索金的办公室里，我手中的温带臭虫瓶里包含五个

---

① 这个肌肉实际上就是当你吃龙虾、螃蟹和虾时大快朵颐的多汁部分。
② "脱衣舞女"也是20世纪初的记者和评论家门肯（H. L. Mencken，以1926年对"斯科普斯猴子审判"的全面报道而闻名）发明的术语。乔琪娅·萨瑟恩（Georgia Southern，一名"跳脱衣舞的艺术从业者"）写信给门肯，担心"脱掉"这个词会对人们产生负面影响。萨瑟恩女士要求门肯"创造一个新的、更好的词汇来形容这门艺术"，他同意了。"我同情你的苦难，"门肯回信给她，"这可能是个好主意，以某种方式将跳脱衣舞联系起来……动物蜕皮的现象……脱皮。新词诞生了……脱衣舞女。"参见Joseph D. Ayd, "H. L., Where Are You? A Celebration of Henry Mencken on the Centennial of His Birth," *The English Journal* 69, no. 6 (1980): 32-37。

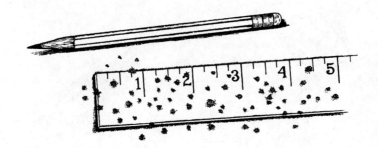

龄的幼虫加上成熟阶段或生殖阶段的成虫。它们的身体越长越大，随着越来越依赖血液的摄入，身体膨胀到某个临界点，就将突然冲破不合尺寸的外骨骼。酶的分泌和血压的增加也帮助臭虫分裂外护膜（由结实、防水、多糖的甲壳素组成）。它们隐藏在胡乱丢弃的纺织物中（比如从金宝贝[①]买的不能再穿的衣服），而且我了解到，蜕掉的空壳是引起人类对臭虫过敏的迹象之一[②]。

这些节肢动物正经历蜕皮，软壳甲固化前它们都要躲起来避免被捕食[③]。

关于软壳阶段的最后一点注意事项是，据推测，节肢动物的结构瓦解对于那些最近经历了一轮蜕皮的湿软肢个体有潜在危害。这个理论用来解释为什么最大的水生节肢动物（如龙虾和帝王蟹）远

---

① 金宝贝，Gymboree，美国儿童服装品牌。
② 节肢动物蜕下的壳以及排泄的粪才是那些对"灰尘"过敏的人真正的过敏源。尽管我肯定有一些过敏症专科医师告诉病人，这些症状来自尘螨废弃的外膜和微小的排泄物，这微小的节肢动物更多的是与蜘蛛而不是与昆虫密切相关。幸运的是，尘螨不吸血（虽然我们在后面将会看到，有成百上千种螨吸血），它们以人类每天脱落的大约12克皮肤碎屑为食。若没有这些饥饿的节肢动物，我们的皮肤碎片会累积成巨大的雪堆。
③ 在我小的时候，软壳蟹非常昂贵，每年夏天只有几个星期能吃到。我所不知道的是，它们实际上只是普通的蓝蟹（*Callinectes sapidus*），要么是在蜕皮后没有找到好的藏匿地点，要么是想脱离自己那一团鳃、食囊和内脏。如今，人工饲养的软壳蟹随时都可以买到，因为人类使用激素来控制它们蜕皮。

比陆地的同行（一些昆虫、蜘蛛和蜈蚣）要重得多[1]。由于水比空气黏滞（即水比较稠），所以比起陆地上的生物，水中的生物需要更大程度的支持（克服重力就是个问题）。根据这一原理，在软壳阶段的重量级节肢动物如果生活在水里，就只能养活自己。对此，另一种观点称，陆地节肢动物的大小因两个物理参数而受限（即被约束）：重力和黏度。撇开关于节肢动物大小差异的有趣解释，我本人认为真正重要的信息是，我们在进化过程中倾向于相信一切皆有可能。事实上，像重力和黏度这类加在节肢动物体形上的约束足以说明，在自然界中，某些特例形态（比如汽车大小的龙虾）也不是不可能存在的[2]。

转动手中的罐头瓶，我不禁注意到臭虫们有些狂乱。

"它们是被你的体温和呼出的二氧化碳催动的。"路易斯说道。

在拥挤的玻璃瓶内，臭虫对刺激信号的反应跟水蛭伏击《非洲

---

[1] 历史上最重的龙虾是44磅6盎司（约20千克），是最重的昆虫的300倍。无论你问哪个昆虫学家，最大的昆虫不是叫做"沙螽"（wetas）的新西兰蚱蜢，体重可高达2.5盎司（70克），就是一些巨甲虫，如大角金龟（*Goliathus*）、泰坦甲虫（*Titanus*）和象甲虫（*Megasoma*）。世界上最大的蜘蛛（类蛛形纲）是巨大的食鸟蜘蛛（*Theraphosa blondi*，亚马孙巨人食鸟蛛），可达4.25盎司（120克），腿可跨12英寸（约30.5厘米），其剧毒的尖牙长达1英寸（2.54厘米）。一些蜈蚣类（唇足亚纲），像亚马孙巨型蜈蚣、秘鲁巨蜈都超过12英寸长。这些捕食者几乎以任何移动的生物为食，包括啮齿动物和蝙蝠，猎物被毒牙咬了之后，就会屈服并被吞噬。

[2] 如果你想更详细地了解"进化约束"概念，就应该去读读古尔德和理查德·路翁亭（Richard Lewontin）的经典文章——《圣马可的三角壁和过分乐观的范式：对适应论学者计划的批判》。参见 "The Spandrels of San Marco and the Panglossian Paradigm: A Critique of the Adaptionist Programme)," *Proceedings of the Royal Society of London B, Biological Sciences* 205 (1979): 581-598。

女王号》中鲍嘉时的反应方式差不多。然而，在这种情况下，负责检测猎物的感觉感受器（对热以及化学的感受器）受到温度升高和二氧化碳浓度增加的刺激（而不是靠接触——被扰动的水面传来的入射波，或靠视觉——光强度的变化）。不过从基本层面上讲，臭虫和水蛭神经系统的分布及其功能非常相似：检测到的刺激所提示的信号（传入神经发生冲动）从感觉感受器发送到身体的数据处理中心（大脑）；迅速整理信息后（如猎物的方向和距离），生成一个向外传出的神经冲动反应。这些都发送给运动肌肉。激活这些肌肉及其随后的收缩引导水蛭或臭虫身体协调运动（游向或跑向各自的猎物）。在这两个实例中，如果最初的刺激被大脑解读为危险而不是食物，那么传出的反应就是防卫行为，比如逃离。

　　这当然是一种简化的说法，但在某种程度上，水蛭、臭虫和人类的神经系统唯一的区别在于，我们有更多的神经元遍布专门的大脑区域（比如我们褶皱的脑半球）。这套复杂又精致的互连线路允许我们做一些只拥有相对简单神经系统的水蛭或臭虫所不能实现的反应，例如是先回应刺激还是选择其他。前面提到的吸血动物中，神经元越少，反应越受限，甚至在遇到各种刺激时都只有一成不变的一种反应。例如，我们认为臭虫会释放聚集信息素，这种化学物质将在同一物种的成员（同种个体）间启动集群行为[1]。以此为前提，让我们想象，有三只臭虫刚从某人的行李上跳下来。它们花了几秒钟急匆匆地穿过地板，其中一只遇到一堵墙，跟随这只臭虫，它们最终找到了一个足够大的裂缝溜进去。通过与黑暗避风港（下

---

[1] 各种各样的动物（包括昆虫和许多哺乳动物）都会将信息素喷洒或释放到环境中。不同的信息素交流不同的信息，比如领土边界（出现在狗尿中）、可交配繁殖的雌性、指向食物或回巢的轨迹。

称避难所）的墙进行身体接触的刺激，这只臭虫释放的信息素被其他两只臭虫解读为一些非常相似的信息：暗处最安全。

为回应刺激而最初释放的信息素本身也变成一个刺激，引发了高度专一的反应。很快，三只臭虫到了停泊处，消磨时间，等待开饭。臭虫的行为是可预见的：繁殖更多的小臭虫，产生大量成堆的血腥粪便[①]。

关键是，一旦感知信息素，反应将毫无回旋余地，也没有行动上的可变性。这些化学信息也是理解蚂蚁、白蚁、蜜蜂这类社会昆虫纷繁的组织形态的一个关键。

尽管路易斯的臭虫团队离蜂巢相去甚远，但它们一心追求血液的执着令人钦佩。

"想象一下吧，有这么多臭虫住在你的公寓里，生活在床板后、潜伏在床垫里、躲藏在开关后。"

"它们只是在等待熄灯。"我附和道。诚然，我已在路易斯营造的毛骨悚然的小剧场里入了戏。

"完全正确。"路易斯说。我从他的声音里解读不出任何厌恶的情绪。我想知道，有多少人在亲见了臭虫团队后，于毛骨悚然的夜色中被这位话语温和的"臭虫先生"送回家。

他继续说道："家里越乱，臭虫越多。"

我迅速环视了一圈他的办公室。"你的意思是我最好别把这罐子摔碎咯？"

"哦，不要……那可就糟啦。"臭虫专家答道。

---

① 臭虫的交配行为实际上对雌性很危险，因为雌性必须承受一种暴力行为，被称为"创伤受精"。在这个过程中，雄性将生殖器插入雌性的腹壁，将精子注入伤口。这种做法完全不需要雌性的外部生殖结构来参与，可规避雌性对交配的抗拒。毫无疑问，创伤受精给雌性臭虫带来了负面影响，增加了感染的风险，也减少了寿命和繁殖产出。

我把罐子递还给路易斯，但他没有把罐子放回到桌子上，而是做了件古怪的事。他把罐子举高靠近鼻子，闻了闻（我想是深吸了一下）。

　　"有人说它们闻起来像新鲜的覆盆子或者香菜。"他把瓶子举向我。

　　我轻轻嗅了一下。

　　"唔……"我没闻出什么特别。

　　"我认为它们闻起来更像香茅。"路易斯继续说道，"虽然远不及黄色的香茅蚂蚁味道强烈，但真的很像。"

　　我又探身过去，当然首先检查了一下网子上是不是被我们嗅出了一个洞，然后使劲闻了闻。它们闻起来确实有点像香茅。

　　路易斯看了一下我的便笺本。"这很重要。"他说，"有网站和报道说臭虫没有味道，那是不对的，特别是当它们被激怒的时候。"

　　我点点头，做了些笔录。很奇怪，比起臭虫有没有味道，我倒更在意，原来除了我自己以外还有其他人也嗅过那些香茅蚂蚁。当我还是个孩子的时候，每年夏天，我家门前人行道的裂缝里挤满了半厘米多长的昆虫。当我带起一阵风来，就会嗅到它们有一种独特的气味，我弄破玩偶，用玩偶里填充的稻草钓蚂蚁。被激怒的蚂蚁会马上出现，大概每次会来上一打左右，它们用强大的颚向我这个每年都按时出现在蚁巢穴口捣乱的蚁巢威胁者张合着。就像路易斯的臭虫一样，香茅蚂蚁越愤怒，它们产生的气味就越强烈。

　　昆虫学家的声音把我拉回到现实来："很有可能，臭虫释放了很多种不同的信息素。"

　　除了化学信息，比如被儿时的我惹恼了的香茅蚂蚁释放的被侵扰信息素，臭虫释放的其他物质的功能在于让捕食者觉得它们并不那么美味可口①。

"人类只能辨别这些信息素中的一种。"路易斯继续说道，并把他的臭虫瓶放在桌子上，"另一方面，狗拥有更敏感的嗅觉，一些狗还被训练检测是否有臭虫出没。"②

在几天后的一个由纽约昆虫学会资助的座谈会上，我了解到研究人员正在设法确认臭虫的集合信息素，这种化学信号会导致分散的臭虫形成团体，它们在两餐之间聚集在角落和缝隙里。通过分离出特定的导致臭虫聚集的化学物质，科学家希望能对这种行为了解更多，这些信息可以用于开发更有效的驱虫方法。

那天晚上的座谈会有75名观众，他们看起来像是由各种类型的控虫专家（这里要提一句，纽约州环境保护部的一半人都指望着他们的出席）和城市居民组成的一个混合群体，这些人或者对臭虫很感兴趣，或者曾因臭虫而受到过心灵创伤，有着不同程度的焦虑。

座谈会的主题是"晚安，睡个好觉，别让臭虫咬到"。第一个演讲者是乔迪·冈洛夫—考夫曼（Jody Gangloff-Kaufmann）博士，之前曾是康奈尔大学昆虫学博士生。目前她为纽约州的综合病虫害管理计划工作。和她一起演讲的是吉尔·布卢姆（Gil Bloom），纽约市立大学教职工，自2001年初一直在追踪纽约当前爆发的臭虫灾害。

---

① 捕食臭虫的各种昆虫和其他节肢动物包括几个种类的蚂蚁，其中有法老蚁（小黄家蚁，*Momorium pharaonis*）、一种被称为"蒙面臭虫猎人"（伪装猎蝽，*Reduvius personatus*）的虫、蜘蛛（死神，*Thanatos flavidus*）、蜈蚣（蚰蜒属，*Scutigera forceps*）、伪蝎（蟹形伪蝎，*Chelifer cancroids*）。参见Robert L. Usinger, *Monograph of Cimicidae* (Collage Park, Md.: Entomological Society of America, 1966), 31-32. 虽然1855年的新闻报道称蟑螂吃臭虫，但这种说法没有得到支持。事实上，这两种虫很可能"在同一间房子里一起过着幸福的生活"。参见Bruce Cummings, *The Bed-Bug: Its Habits and Life History and How to Deal With It*, 6th ed., Economic Series No. 5, British Museum (Natural History) (London: Adlard and Son, Limited, Bartholomew Press, Dorking) 1949, 17.
② "高级侦探K9"公司的所有者（来自康涅狄格州的米尔福德）声称，经他们认证的"臭虫狗"几分钟内就能嗅出是否有臭虫在滋扰。

冈洛夫—考夫曼博士说，臭虫原本住在洞穴里，吸蝙蝠的血。一旦人类（和其他哺乳动物）开始栖息于这些洞穴内，投机取巧的寄生虫们就开始以它们为食。后来，一些臭虫就变得只喜欢人类了[①]。

第一部提及臭虫的文学作品可追溯到大约公元前423年阿里斯托芬的戏剧《云》（*The Clouds*）。一个世纪之后，在《动物志》（*Historia Animalium*）中，亚里士多德称："臭虫是由于动物表面的潮湿而产生的，它的表面很干燥。"

罗伯特·乌辛格（Robert Usinger）的《臭虫专论》（*Monograph of Cimicidae*）可算得上是"臭虫圣经"了。在这本书中，乌辛格描述了臭虫不仅出现在公元前400年的希腊，而且希腊医生狄奥斯科里迪斯（Dioscorides）还建议患者食用臭虫[②]。例如，一个配方是将七只壁虱与肉类、豆类混合，用于治疗疟疾。"和豆子一起"可以中和某些蛇的毒液[③]。对于那些更喜欢把体外寄生虫与饮料一起服用的人来说，狄奥斯科里迪斯也规定用喝葡萄酒或醋来防御臭虫，亦作为驱逐马蛭的手段（大概是从病人的喉咙下手吧）。此外，尿不

[①] 寄生虫换宿主实际上是一种常见现象，这是新物种出现的一个方式。最近，科学家大卫·里德（David Reed）和他的同事比较了人类和大猩猩身上的吸血虱的DNA。他们推测，在330万年前，大猩猩将这些吸食血液的寄生虫（虱目节肢动物）传播给了人类的祖先。从那时起，虱子便随着它们的新宿主一同进化（经历了共同进化），最终变得不同于大猩猩身上的虱子，且足以被视为一个单独的物种。例如，当人类失去了大部分的体毛，虱子就变为适应生活在人类体毛浓密的头发处；与大猩猩身上的虱子不同，它们主要通过性行为传播。研究人员认为，虱子最初通过三种途径传染给人类：大猩猩和早期人类之间的性接触；远古人类杀戮和接触大猩猩的行为（寄生虫通常从宿主处传播给捕食宿主的生物）；大猩猩和人类共享公共区域。参见David L. Reed, Jessica E. Light, Julie M. Allen and Jeremy J. Kirchman, "Pair of Lice Lost or Parasites Regained: The Evolutionary History of Anthropoid Primate Lice," *BMC Biology* 5, no. 7 (March 7, 2007). doi:10.1186/1741-7007-5-7.

[②] Usinger, *Monograph of Cimicidae*, 1-7.

[③] 臭虫和豆类的混合物显然是一道受欢迎的药膳［出现在教皇约翰二十一世的《救济宝典》（*Thesaurus Pauperum*）里］。但在这里，除了把二者混合在一起之外，那些发烧患者还奉命把虫子放到一个空心的豆子中然后吞服。

顺或尿痛（有种症状称为"排尿困难"）的治疗方法则是将一些昆虫捣碎，放入患病处的孔眼中。甚至嗅臭虫可以使女人从"外阴紧缩"导致的昏厥中复苏。

罗马人盖乌斯·普林尼·塞孔都斯（Gaius Plinius Secundus，就是现在家喻户晓的老普林尼）在公元77年对臭虫的药用用途[1]（其中大部分抄袭自古希腊人）进行了描述[2]。

昆塔斯·塞里纳斯（Quintus Serenus）是另一位罗马学者[3]，也是早期医学教科书的作者。在下面这段话中，他清楚地表明，自己在文学之外的领域也已经达到了专家的水平：

> 不要羞于喝这混有壁虱的酒，
> 在正午用大蒜摩擦以辅助。
> 此外用壁虱加鸡蛋处理瘰肿处，
> 不要抱怨而不做，
> 虽然这令人作呕，
> 但我敢说会有好处。

在下面这段描写罗马人治疗口渴的饮料处方中（这个处方荣登多个"关于吸血昆虫所致痨病的诗歌"100强名单）[4]，塞里纳斯又略胜一筹。

---

[1] Usinger, *Monograph of Cimicidae*, 7.
[2] 这大约是普林尼（学者、历史学家和博物学家）在维苏威火山喷发之后不久，因吸入火山气体和尘埃在斯塔比亚窒息而死的两年前。
[3] Usinger, *Monograph of Cimicidae*, 7.
[4] 根据乌辛格书中的第7页（1966），1634年墨菲特（T. Mouffet）引用了昆塔斯·塞里纳斯的这两首诗，托普赛尔（E. Topsel）于1658年翻译了这两首诗。参见Usinger, *Monograph of Cimicidae*, 7。

有些人的处方是喝掉七只壁虱，

不过是用一杯水，将其服下，

难道不会好过昏昏欲睡沉沦死亡？

鉴于并没有报道声称食用、饮用、嗅闻或嵌入臭虫有任何实际的医疗效果，可见臭虫的药用不过是临床治疗的一个尝试，几乎与人们想要缓解的疾病一样严重。

约翰·索撒尔（John Southall）撰写的《臭虫论丛》（*A Treatise of Buggs*）是第一本完全致力于臭虫研究的专著。自1730年出版后，此书就给读者提供了吊人胃口的关于早期害虫防治的惊鸿一瞥，以及一些关于种族关系的深刻洞见。

索撒尔于1726年访问西印度群岛时，在遇到一个头发、胸毛和胡子都"洁白如雪"的"不寻常的黑人"后深感困惑。这位老绅士也为自己遇到的这位客人所困扰，他注意到他"脸和眼睛都被臭虫咬得肿起了一大片"，他想知道为什么"白人会让臭虫咬"，而不是"杀死臭虫，就像自己那样"。大概也是无言以对，于是索撒尔接受了"满满一杯液体"，使用说明为"在他的卧室里掸洒这些液体"。其结果大概会让路易斯·索金脊背发凉吧：

> 当我开始使用这液体时，大量臭虫就从洞中跑了出来（就像他告诉我的那样），死在我面前。

> ——《臭虫论丛》第8页[1]

没有臭虫打扰，一觉醒来后，索撒尔立即"心怀鬼胎"地对这

---

[1] John Southall, *A Treatise of Buggs* (London 1730).

黑色盛宴

位自由奴隶深表谢意（已经称其为"我的黑老兄"），并意图攫取他的秘方。他突然拿出许多好东西，用"一块牛肉、一些饼干和一瓶啤酒"诱惑这个牙买加人，然后注意到"当条件允许，所有黑人对肉是多么贪婪"。日子一天天过去，啤酒一天天流淌，直到"所有的空啤酒瓶子都装满了那种液体"。然而索撒尔还是很清醒的，对制作药剂的成分、数量和程序做了笔记。回到英国后，他的服务以及捆绑销售的农药使其成为一个早期的害虫防治专家。与他那位被长久遗忘了的牙买加"商业伙伴"不同的是，索撒尔没有泄露他那灵丹妙药［被他命名为"极品"（Nonpareil）①］的秘密成分。

索撒尔也尽力去判定臭虫是怎么来到英格兰的，在这个过程中他卖弄着自己谦逊的一面，告诉读者他是如何克服那些"可能会令胆怯的天才气馁的困难"。这位大师向所能找到的"尽可能多的博学、有求知欲的老人"请教，并断言在伦敦大火前（1666年），"从未提到也未曾见过"臭虫：

> ……它们是那么少，几乎从未注意到；只在冷杉树木材上看到过它们，它们就是随着这些木材第一次被带到英国；大多数新建造的房屋都或多或少地使用这种木料来代替那些上好的、但却在岁月中慢慢腐朽的橡木②。
>
> ——《臭虫论丛》第17页

索撒尔的言论支持几部欧洲早期的词典和百科全书的主张，臭

---

① 我希望这个名字是法语"无与伦比"的意思，而与那些覆盖着白色小颗粒糖的巧克力饮品无关。
② "冷杉"指冷杉属的常绿针叶树，通常认为这些树并不适合作为木材使用。

虫在伦敦大火前不存在，但随后跟着从美国殖民地进口的木材一起来到英国。[1]若干年后资料揭露，自1583年就有关于吸血害虫存在于英格兰的记录了（差不多是伦敦大火之前的一百年）。

恼火的美洲人民在18世纪予以还击，给这小吸血鬼起了个绰号叫"红外套"，并坚称本土的臭虫问题来自欧洲早期的殖民者。在这方面，美国佬现在显然是正确的，因为昆虫学家相信，从地中海东部地区的某一个发源地开始，臭虫通过人类的殖民和海外贸易传播到世界各地。[2]

最后，索撒尔为读者描述了臭虫，还附带一个喜忧参半的结论：

> 臭虫的身体是心形的，并且有壳。它的壳像美丽的两栖龟一样，透明且有细条纹；六条腿跟螃蟹腿的形状一样，有关节和细毛。它的脖子和头部与蟾蜍很相似，头上支着三个角和一些细毛，鼻端有比蜜蜂的刺锋利却较小的针。角用来在战斗中攻击敌人，保护自己。它用刺穿透我们的皮肤，然后（虽然伤口很小，几乎无法察觉）吸取最美味的食物——我们的血液。
>
> ——《臭虫论丛》第19页

目前，科学家承认，虽然臭虫科包括了75个种，却只有3种经常吸食人类的血液：细臭虫（*Leptocimex bouti*，在非洲和南美洲西部以蝙蝠为寄生对象）；热带臭虫（*Cimex hemipterus*），它以新、旧大陆热带地区（包括佛罗里达）的家禽和蝙蝠为寄生对象；温带臭虫，也就是常见的臭虫，几乎存在于世界上任何地方，以人类、

---

[1] John Southall, *A Treatise of Buggs* (London 1730), 3.

[2] Cummings, *The Bed-Bug: Its Habits and Life History and How to Deal With It*, 3.

蝙蝠、家禽和其他家养动物为寄生对象。

根据臭虫在全球的分布，乌辛格列出了60多种臭虫在世界各地的别名。除了"红外套"和"重骑兵"（得名于穿着猩红色外套的英国骑兵），其他的昵称还有"红木小扁平""B扁平"和"绯红色漫步者"。"诺福克·霍华德"则是借用了对诺福克公爵贵族姓氏的戏称，在20世纪上半叶，这支满腔热血的部队被称为"赤军"。臭虫也被称为"谷物大害虫麦虱"（chinche），可能是因为chinche是西班牙语中的"臭虫"一词。糟糕的是，这却带来了一些混乱，因为"谷物大害虫麦虱"这个名字其实已被长蝽科占据，这是一种栖息在土壤里的虫子，它们因对禾本科和谷物造成破坏而臭名昭著。

访问昆虫学家路易斯·索金时，我问了他对一些旧观念的看法，比如臭虫总是与流浪汉、破旧的汽车旅馆和肮脏的生存条件联系在一起什么的。

他摇了摇头："这种心态存在了相当长的一段时间，但在过去，只有富人有能力取暖，所以有钱人家里才会有臭虫。一旦中央采暖启动，臭虫可就开心了。"

我瞄了一眼那罐臭虫。罐子搁在路易斯的工作台上，里面的生物没有了外界呼吸、热量的刺激，大部分都已经退回到纸板避难所的阴影之下。

路易斯继续解释温度升高不但吸引臭虫、使其活跃，还会加快它们生命周期的原理。

"高温导致个体更快成熟，进入生殖阶段。"

我后来从冈洛夫—考夫曼博士的演讲中得知，高温（华氏85

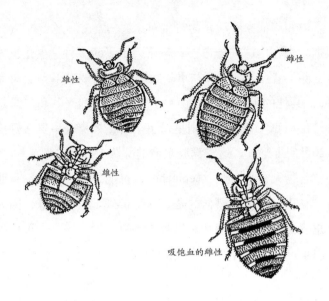

雄性

雌性

雄性

吸饱血的雌性

度）和高湿度可以将臭虫的整个生命周期压缩至3~4周。她解释说，起初，这听起来像是一件好事，但是，尽管害虫死亡得快了，但它们也在更短的时间内制造了下一代，这就导致了规模的整体提升。

"这么说降温就可以把臭虫赶出家门？"

"也不见得，"路易斯摇摇头，"低温可以减缓它们的成熟过程，但也延长了它们的寿命。"

和其他昆虫一样，臭虫在低温中代谢率会降低。

"幼虫可以好几个月不进食，成虫不吸血也可以活一年或更长时间。"

对于一些与臭虫相关的网站或者最近报纸杂志上大量文章中的线索，我还没能领会。这些信息与其说在对臭虫的战役中增加了筹码，倒不如说是在生物对低温的适应性反应上提出了一个重要的问题：臭虫在空的（假设为常温）公寓中没有食物也能存活数月。回

黑色盛宴

想一下强加在蝙蝠身上那些数量庞大的错误信息，臭虫在没有人类宿主的情况下，仍然能长时间生存的能力显然造成了一个相当普遍的观念——它们可以从木材和纸张中汲取汁液，甚至能消化壁纸胶[①]。18世纪30年代自诩天才的约翰·索撒尔在他的《臭虫论丛》中写道："……它们特别喜爱黏糊糊的东西。"

我猜，假装承认这些小小的家庭入侵者其实只是在咀嚼胶或品味报纸上的油墨，可能也算是个心理慰藉。可怕的现实却是，臭虫不仅保持着一个严格的吸血习性，而且与有着异国情调的吸血鬼（蝙蝠和水蛭）所不同的是，这些久经沙场的"城市居民"就生活在这里，就在我们中间。

现在我们已经知道臭虫像螃蟹和蜘蛛一样是节肢动物，下面来点更具体的。让我们从这个问题开始："臭虫"是什么？

臭虫科属于一个大的昆虫亚目：异翅亚目（Heteroptera）；向上追溯，又属于一个更大的群：半翅目（Hemiptera）。虽然有些半翅类昆虫吸食血液，但大多数不吸血。例如蚜虫——无处不在的农民和园丁的敌人，以植物汁液为食物，并造成严重破坏。

但是无论以什么为食，为了成为一个真正的半翅类昆虫，它们都需要具备针一样尖锐的双管喙。一旦遇到摄食机会，在刺穿皮（或壳）后，半翅类昆虫都会通过喙中的一个管注入唾液。唾液中的化合物立即开始进行消化过程，昆虫开始通过喙中的另一个管汲

---

① Cummings, *The Bed-Bug: Its Habits and Life History and How to Deal With It*, 12.

取被消化液分解了的食物①。

除了臭虫，异翅亚目还包含许多名字听起来令人讨厌的昆虫，比如椿象、南瓜虫和水蝎。猎蝽（Reduviidae）是半翅类昆虫中另一个恶名昭彰的家族。与它们的臭虫亲戚不同，猎蝽可以将严重的疾病传播给它们赖以生存的人类。事实上，这些昆虫吸血鬼（也称为锥蝽或接吻虫）会把含有寄生鞭毛虫（克氏锥虫）的排泄物遗留在受害者的皮肤上。被咬的伤口因瘙痒抓破，使被感染的粪进入伤口，克氏锥虫也随之进入血液中。从那里，克氏锥虫又可以入侵器官和肌肉。这种疾病被称为美洲锥虫病（查加斯病），情况严重时，寄生虫会严重损伤胃肠道和心脏电传导系统的神经。达尔文曾在南美被猎蝽咬了，据说，查加斯病可能就是他回到英格兰后影响他终身健康的罪魁祸首。

尽管"臭虫"这个词涉及流感等疾病，也可以代指任何昆虫或小型节肢动物（如蜘蛛和蜱虫），但昆虫学家认为只有异翅亚目是真正的臭虫。这是因为它们具有非常特殊的解剖学特征。例如，许多昆虫有两对翅膀（前翅和后翅）。在大多数的异翅亚目身上，前翅的根部是硬的，从根部延展到翅端呈膜状（"异翅亚目"一词源于希腊语"不同的翅膀"一词）。可以确定的是，"所有的臭虫都是昆虫，但并不是所有的昆虫都是臭虫"。

奇怪的是，尽管臭虫与其他异翅亚目成员在解剖学、进化学和行为学上都有相似之处，但它不具有功能性的翅膀。臭虫没有后翅，而一对前翅已退化。退化了的器官是无功能性的结构残余，但这种器官在这种生物的祖先身上却曾经是具有功能的。例如，

---

① 吸血的虫和吸树液的虫最显著的相似之处在于，它们都使用皮下锋利的口器探进营养液里，再通过特殊的管（分别为血管和韧皮管），以相对的高压将其汲取。此外，这两种技术一般都会将病原体传播给食物源，对它们造成伤害。

盲穴鱼（属于盲胸肛鱼和脂鲤科）就拥有小小的、无功能的眼睛。所有迹象表明，这些看不见的鱼的祖先是可以视物的。大概这些鱼迁移到新环境（洞穴）之后，最终失去了视觉感官。还有其他几种穴居类动物也以同样的方式存在，如盲蝾螈和一些洞蟋蟀。失明的眼睛依然存在，是因为部分鱼类的基因蓝图（DNA）从祖先开始就保持不变。结果，这些DNA的旧片段即使不再发生作用了，却还是拼凑出了带有老旧的解剖学特点的残留物[1]。臭虫身上一对短而粗硬的无功能性的翅膀（半翅鞘），大概算是它们从祖先身上两对可飞行的翅膀那里唯一继承下来的东西了吧。据推测，这些古老的虫子由于生活习惯趋于由鸟类和蝙蝠把它们从一个地方传播到另一个地方，因而自己的翅膀没有了用武之地，也就渐渐退化了。

　　说到臭虫，英文的bug显然源自威尔士语的bwg。[2]在原始写法中，bug（或bugg）指的是鬼魂或妖怪，这也是它为何出现在科弗代尔版本的《圣经》（*Coverdale Bible*，1535）和威廉·莎士比亚的几部作品（《哈姆雷特》等）中的缘故[3]。在1622年的戏剧《圣女贞德》（*The Virgin Martyr*）中，bug似乎被首次用于描述遭受虫害的情景（"这儿有臭虫，先生！"）。在此之前，"壁虱"和"臭虫"都用来指称温带臭虫。

---

① 器官退化的典型案例还包括蟒和红尾蚺的后肢爪（或刺）、无牙的须鲸类（如蓝鲸）以及一些食蚁兽在其发育阶段长出的牙齿。就我们人类来说，则是尾骨（我们的远古祖先身上的尾骨或尾椎骨）和阑尾（人体最粗的、一端闭合的盲肠处的一截残留）。还有智齿，它表明自然选择让我们通过减少口腔内的牙齿数目而使下巴变短。压力诱发的鸡皮疙瘩是我们的祖先毛发直立的基因残留，这让他们在掠食者、潜在的敌人或竞争对手面前显得身型更大。

② Usinger, *Monograph of Cimicidae*, 5.

③ Bug bear（《亨利四世》）就是一个早期的俚语，用来形容"威吓物"或"可怕的人"。

当然，自17世纪以来，"臭虫"（bug）这个词已经被开发出了许多其他的含义。"在某人耳朵里放臭虫"或"在屁股上搁臭虫"这类说法很可能起源于水蛭药用过程（不过这只是我的个人猜测）。作为动词，"bug"这个词可以描述某些窥探隐私、引人不悦的监视或监视设备的隐蔽位置。"bug"也可指设备本身或电脑、技术的故障。"臭虫果汁"（bug juice）是指品位低劣的酒精饮料（只有在古希腊，这个词从字面上理解似乎是"豆子和臭虫"口味的"我可舒适"①），在任何情况下，它都会让饮用者患上"臭虫眼"或"像臭虫一样疯狂"，不能再驾驶曾经无处不在的德国汽车。最后（谢天谢地这是最后一条了），俚语"舒服得像只蜷在地毯里的臭虫"第一次出现在18世纪的一出闹剧《斯特拉特福德禧年》（*The Stratford Jubilee*）中；"睡得紧（睡个好觉）"可能有两个起源，根据专栏作家塞西尔·亚当斯 [Cecil Adams，《直接情报》（*The Straight Dope*）的作者] 所说，"睡得紧"可能指许多床垫由连接到一个矩形木框架上的、相互交织的几股绳制成，为了睡得舒适，就必须拉紧床垫的绳，为了保险再打结（以免在睡客的重量下像吊床那样凹陷）。另一种解释是，这里的"紧"可能是作为副词使用，表达了古老含义——"健全""良好"和"健康"。

为什么臭虫会发现与人类生活在一起很舒服呢？换种说法，我们都干了些什么，让它们这么容易茁壮成长，并从一个地方传播到另一个地方呢？

---

① 我可舒适，Alka-Seltzer，一种泡腾剂式的消食片，用于治疗消化不良。——译者注

让我们从住房和交通问题谈起。

许多体外寄生虫（比如本书将要讨论的蜱虫、螨和恙螨）使用一系列专门的附器来抓住或附着宿主，有时会持续很久。然而臭虫和它们的亲缘家族却用大部分时间来隐藏在尽可能离宿主近的地方，而不是生活在宿主身上[①]。一般来说，由于臭虫对光有消极反应，所以它们会积极寻找粗糙、干燥，至少部分区域昏暗的表面。在黑天，它们从这些避难所现身（通常在早上三四点钟），爬到目标猎物身上，进行短时间吸血。

常见的臭虫（温带臭虫），一般要吸血5～10分钟，通常也就是大约成排的三四口（有时称为"早餐、午餐和晚餐"），然后返回它的避难所。吸过这一轮之后，臭虫在一周内会准备再来一次。

当受害者发现自己被咬的时候，臭虫早已扬长而去，留下一些

---

① 对一些研究人员来说，它们是血液捕食者，而不是真正意义上的寄生虫。

发痒的红色斑点、疙瘩或伤痕，几乎遍布所有裸露的皮肤表面（如脸、脖子、肩膀、手臂和手等）。被咬后的情况可能也会有所不同，这取决于受害者对臭虫唾液中的蛋白质产生怎样的免疫反应，但一般来说，被咬得越多，炎症就越严重。不幸的是，臭虫叮咬通常被医生误诊为蚊子或跳蚤叮咬，或被误认为是较常见的"疥疮"——由肉眼难见的疥螨（*Sarcoptes scabei*）引起的皮肤瘙痒。

因为鸟身上寄生着各种各样的皮外寄生虫（包括多种臭虫和它们的亲戚），所以鸟巢是皮外寄生虫（如恙螨、虱子和蜱虫）经常出没之地。鸟巢为这些小型吸血鬼的行为活动提供了完美的小环境——吸血、躲藏、等着下一顿外卖上门[1]。

与吸鸟血液的臭虫类似，吸蝙蝠血的臭虫把一生中的大部分时间都消磨在自己的猎物悬挂着的地方附近。虽然蝙蝠的巢穴一般会因种类而异，但通常集中在洞穴、矿山、阁楼、废弃的建筑物和中空的树干这几个地方。在这儿，臭虫躲在裂纹和缝隙里，安静地消化食物，也可能在修正最近关于宿主的星星点点的误报信息。

这种行为毫无疑问地揭示了，臭虫如何从鸟巢和蝙蝠穴轻松过渡到了人类巨大温暖的建筑物里，这里到处都是可藏匿的地方。这里是只有想不到、没有找不到的任意形状、任何尺寸的藏身之处。

---

[1] 当你看到个鸟巢，并想把它带回家给你的孩子玩时，请记住这里的话。有些专题报道曾说道，任何刚死亡的动物都可能会全身爬满寄生虫，这些小东西会兴高采烈地从已故的宿主尸体上跳下来，攀附到你的身上（至少暂时是这样）。当你的猫叼着新逮到的猎物回家时，你最好也考虑一下这些情况。

黑色盛宴

"混乱是臭虫的死党。"臭虫专家吉尔·布卢姆这样讲。所以许多家庭对于臭虫来说就是天堂①。

同样，臭虫群体目前的散布（又名臭虫感染传播）很大程度上也得益于人类这个重要的因素。

根据布卢姆的观点，臭虫可以通过主动和被动两种方法进入一个家庭。

在"主动引入"中，臭虫通过自己的能力从一个地方迁移到另一个地方。因为臭虫没有功能性翅膀，群体的主动传播就依靠爬行（以及快速爬）来进入新家。

很容易想象臭虫如何从一个房间迁移到另一个房间，但在公寓之间和楼层之间的迁移是怎么做到的呢？布卢姆揭晓了谜底：臭虫可以轻易地通过安置在建筑物内的管道、电话线或电缆来迁移。

人类通常也在"主动引入"方面起到了协助作用，下面来说说这是怎么回事。比如，你楼上的邻居发现他的公寓有臭虫出没，于是他决定将满是臭虫的被褥丢在路边，然后又把他的床垫搬到走廊上。当他把床垫立起来的时候，一些臭虫可能跌落，而当床垫被拖拽去门厅或者沿着楼梯颠簸而下时，另一些臭虫则被抖落出来（想想电影《金刚》里的一个场景：水手们紧紧抓住一段巨大的木头，而金刚正在努力把他们摇落下来）。与其说是跌落，倒不如说这些流离失所的吸血鬼正积极寻找第一个缝隙。这就意味着它们很有可能从门缝下溜进新公寓。一旦它们安营扎寨（想想那些集合信

---

① 据害虫防治专家所说，除尘和吸尘习惯是有效的预防措施，而在床上囤积东西却是个隐患。他们还建议用硅或填缝材料密封家里所有的缝隙（臭虫可能的藏身之处包括硬木地板的裂缝、床架、装饰线脚，还有墙壁或地板之间的空间以及半固定结构，如书架），还应该将壁纸粘牢或更换剥落的壁纸或窗纸，把钉孔填满，密封地板和墙壁上的洞，因为臭虫可能从外面进入公寓。在忙完这些喘口气之前，还要检查厕纸管和窗帘杆。

息素是怎样发挥作用的），雌性就会每天至少排5颗卵（一生排几百颗卵），一个新的大家庭马上就可以形成，速度快到你隔天就会说："亲爱的，看看我胳膊上的这个红点。"

这种情况下，你的邻居所充当的角色就向我们介绍了臭虫落户住宅的第二种方式。"被动引入"几乎涵盖了所有臭虫"搭便车"的迁移方法。在臭虫还不从人类这里吸血的时候，这通常发生在蝙蝠和鸟的身上，它们并无心将臭虫像信件一样带往新的落脚处。温带臭虫的"被动引入"主要依赖人类，他们的商品以极高的效率从一个地方运输到另一个地方。诚如所见，这种利用我们的习惯以及我们每天使用的东西的能力，已成为当前臭虫扩散的一个主要方法。

比如，你的邻居已经成功地把床垫拖下了五层楼梯（这个过程已经潜在地向五个新楼层传播了臭虫），然后把床垫立在路边。如果一个大学生或其他人在廉价的床上用品市场挑选了这个床垫，那么随着新主人将床垫拖到公寓，臭虫就会开始新一轮蔓延。随着床垫在楼梯与走廊间上上下下地搬运，臭虫甚至会蔓延到邻居的公寓。

但要是这种情况永远不会发生呢？如果人足够聪明不去接纳别人的旧床垫呢？也许丢弃在路边的床垫已经被它的前主人贴上了"注意臭虫出没"的字样呢？在这种情况下，没有人会脑子进水去碰它，不是吗？遗憾的是，情况并非如此，且绝非如此。通常，被丢弃的床垫会由某些公司来负责处理，他们专门收集和快速整理这些旧床垫，然后转售。据几位不愿透露姓名的消息人士称，这些二手床垫公司派出去的卡车上都配备目光敏锐的工作人员。他们的工作是收集遇到的所有床垫，即便是那些已被前主人明显标出"已感染臭虫"的。据说，这些床上用品在"重组"之前会进行"消毒"。但据纽约市职业消灭害虫人士所说，除非在华氏150度下烤45分钟，或者在一个熏蒸室里进行专业处置，否则是杀不死床垫里的臭虫和虫卵的。

幸运的是，在一些地区，比如纽约州，有法律来规定二手床垫的销售程序。[①]但遗憾的是，缺乏执法准则意味着没有人在那儿盯着这些二手供应商正在做什么。与其说是有效净化，倒不如说也就是用快速消毒剂喷一喷床垫，然后换个新床垫套而已，甚至就套在旧的外面[②]。因此，除了臭虫（可以隐藏在整个床垫里），旧的床垫还可能被尿液、唾液以及其他任何你能想到的东西污染。快速翻新后的床上用品一般卖给无知的人（他们可能认为这是一个新的床垫，只不过有点内伤或者有点硬罢了）[③]。在回收和转售爬满臭虫的床上用品这件事上，其后果是可以想象的。

这里还有另一个与臭虫有关的严肃的问题，有助于解释当前的臭虫复兴。比如，你预先做了准备工作，找到了一家声誉不错的床上用品商店。你挑选了一个床垫，约定了交货日期。到目前为止一切顺利，但从此时开始出现了变故。通常，除了运来新床垫，快递公司还会顺便把旧的运走，那么即使你的旧床垫可能没臭虫，但在其他工作日运输的床垫极有可能已经感染了臭虫，运输这些受污染

---

① New York State, Department of State Division of Licensing Services, "Manufacture, Repairer-Renovator or Rebuilder of New and/or Used Bedding and/or Retailer/Wholesaler of Used Bedding Application," http://www.dos.state.ny.us/lcns/instructions/1427ins.html.

② 害虫防治专家建议，用密封的、低致敏性的套罩住床垫，不仅可以防止臭虫出逃（如果有），还可以防止新的臭虫入驻。

③ 据美国联邦贸易委员会（Federal Trade Commission）称，确定一个床垫是全新的还是翻新的，最简单的方法是寻找所附的标签。新床垫上应该有一个白色的标签，说明它包含"全新的材料"。根据各州的规定，二手床垫应该有标签警告消费者该床垫包含二手材料。例如在纽约，卖二手床上用品的卖家必须附上"15平方英寸的黄色标签……标签上须显著印出'二手材料'的字样"。考虑到这一点，消费者应该避免购买一个没有标签的床垫。美国联邦贸易委员会建议，当床垫运到时，不要让沉重的塑料包装阻碍你寻找标签。他们进一步提醒大家，拒收未加标签的床垫是明智之举，购买的时候让销售人员在收据上注明"全新"也是正确的。

的床垫的卡车和运你的新床垫的卡车是同一辆，这些垫子甚至会互相靠着放置。快递卡车的车厢内部怎么样呢（干燥、黑暗，到处都是裂纹和缝隙）？还有送货员呢？你去检查过他们袖口上是否有微小的臭虫粪便吗？他们中的某些人可能会直言相告，但那些不说的可就没那么简单了①。

所以下次购买新床时，你得到的可能不仅仅是送到家的一个新的弹簧床，特别是如果你恰巧是当天收货的最后一家。

受到带臭虫床垫传播臭虫事件的影响，纽约市议会女议员盖尔·布鲁尔（Gail Brewer）在2006年9月提出一项新的法案，禁止出售二手床垫。该法案（"引入法案第57号"或简称"引入57"）还要求新、旧床垫必须分开运输。遗憾的是，虽然这个法律朝着正确的方向发展，却没能触及阻止臭虫这一关键问题。

"他们忘了把弹簧床垫算在内。"曼哈顿北部"臭虫走开"害虫防治负责人安迪·利纳雷斯这样说。

"那么沙发、日式床垫和床头柜呢？"我问。

"呵呵。"安迪面带微笑地叹道。

这就是问题所在！有多少有节俭意识的城市居民，在二手商店或路边捡家具或其他家庭用品？臭虫的避难所并不局限于弹簧床垫，一个城市管理规章制度的改变也不太可能对臭虫的数量产生太大的影响，如果有这么个规章的话。底线是，人们不要把路边的东西带回自己家，还应该非常谨慎地对待从二手商店、跳蚤市场购买的东西，或从家具租赁公司租来的东西。

根据路易斯·索金所说，"它们可以隐藏在任何地方。收音机、

---

① 据综合害虫控制专家乔迪·冈洛夫—考夫曼所说，自2007年起，大型床上用品公司在把床垫搬上卡车前，要用塑料布将其封好。

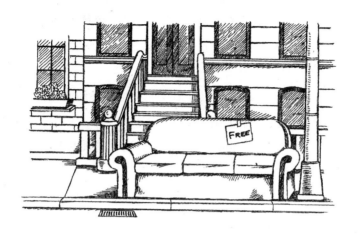

电视遥控器、电话、相框、灯、床头——任何家具里"。书籍和壁挂是受欢迎的聚集地，插座面板背后的空间也是不错的选择。

臭虫对交通运输方法的适应能力是它们近期复苏的另一个原因。回想一下在出现文明之前的历史里，臭虫的传播因鸟或蝙蝠的分布范围而受到限制（臭虫的寄生能力不容小觑）。一旦人类开始移动，臭虫便不离不弃地紧随，尽管在20世纪之前，大多数人从生到死都没怎么旅行过，这就导致了臭虫的传播是个循序渐进的过程。如今，借着大约数以百万计的搭乘汽车、公共汽车、火车（地铁）和飞机常规出行的人，臭虫正在迅速散布开来，有时甚至能够穿越极长的距离。

塔姆森·叶（Tamson Yeh）博士，康奈尔农业推广系统的昆虫学家，对于臭虫是如何在纽约这样的大城市四处溜达有她自己的一套假说。

"是出租车。"我在访问她位于长岛里弗黑德的办公室时，她如是告诉我，"人们在路边放下袋子或箱子，臭虫就可以趁机爬上来。"

"哇！"我插话道，"想想有多少人在世界各地旅行，回家时他们的手提箱在出租车后备箱里翻腾。"

"这是一个完美的环境，"塔米（塔姆森的昵称）说，"黑暗，干燥，到处都可以藏身……"

"……出租车司机多久才会清理一次后备箱呢？"

"问题就出在这儿。"

曾经只能从洞穴移动到洞穴或从巢穴移动到巢穴的臭虫，自从与人类如影随形后，它们就满足于从房间到房间、从公寓到公寓的迁移了。然而如今，臭虫席卷了城市，在州与州之间传播，甚至在国与国之间传播。21世纪臭虫复兴的众多原因中，便宜、快速、长距离的运输绝对排第一。

害虫防治专家安迪·利纳雷斯说："臭虫有时爆发可以溯源到海外旅行，因为人们很容易从游轮、度假村、酒店客房或者旅馆等处携带上臭虫。"

"我表哥的孩子刚从澳大利亚住了青年旅社回来。"我说。

安迪摇了摇头："媒体成天报道，人们花一大笔钱住在顶级酒店或度假胜地，还带回家臭虫呢。青年旅社？简直不敢想象。"

臭虫专家继续解释道，基本上所有人口流动频率高的地方（如避难所、宿舍、旅馆、酒店和公寓）都非常符合被动引入臭虫的潜在条件。

"所以现在臭虫们更流行去哪里溜达呢？"我问。

"东欧是臭虫活动的温床，"他说，"英国也很严重。"

显然，在臭虫活动猖獗的房间打开行李箱或背包，甚至只是放

　　　　　　　　黑色盛宴

下行李而已，都可以为臭虫提供特洛伊木马。根据相关消息，如果把你的衣服放到酒店有臭虫出没的房间的梳妆台抽屉里，你将会很容易找到一些不受欢迎的旅伴。

为了最大限度地降低风险，安迪建议旅客在放进行李和其他物品之前应该检查他们的房间。尽管这听起来可能有点极端，但他强调，至少以下预防措施是你应该做的：从离床最近的角落开始一直搜索到闹钟；小心地抬起床单和床套，检查床垫，尤其是纽扣或沿缝处；如果有必要，可以使用手电筒寻找粪渍（小小的深色凸起）或臭虫（像扁平带腿的苹果种子）；然后把床垫的一角抬高，看弹簧垫的横截面；用手电筒检查床头板和墙之间的空间；如果你仍然怀疑，再看一下枕头和枕套。臭虫可能藏在钟表、床头柜，甚至床头灯里。如果你发现了臭虫或仅仅是它的粪渍（针头大小的凸点，通常为深棕色），马上离开，坚持换个房间。当然你也应该重复检查新换的房间，如果有必要，退订酒店。最后，旅行时将行李放在高于地板的地方，仔细检查是否有"不必要的旅伴"。比起编织手提箱的多角落、多褶皱结构，硬塑料手提箱比较不易招臭虫。在任何情况下，只要一回到家，你就应该用真空吸尘器将行李箱彻底清理，并将其存储在一个封闭的黑色塑料袋中，但不要在你的卧室里做这些事。

再来说说另一个悲剧：即使你没有给你的家庭带来臭虫，但很可能别人会。水管工、电工、上门护士和家政服务员都可能被动地将臭虫引入。当客人来到我们的家，有多少人会把他们的衣服和手提包放在自己的床上？

臭虫还会出现在医院、医生的办公室、健身房和电影院里。如果你坐在有臭虫出没的家具上或碰巧遭遇衣服藏满臭虫的人，臭虫就会流窜到你的衣服上。

至于其他类似的情况，吉尔·布卢姆在他的演讲中建议，当有朋友没来由地想借你的公寓住几天的时候，我们应该谨慎一点。我想他暗示的是我们应该诙谐地回答："你没地儿款待你家的臭虫了，是不是？"这样应该不会引起咳嗽发作、紧张的笑声，或者突然的汗如雨下。

"臭虫会破坏友谊和关系，"安迪·利纳雷斯告诉我，"甚至会让没有臭虫的人杯弓蛇影。"

"怎么回事？"我很好奇。

安迪解释说，许多人在受到臭虫困扰之后会将泥垢或线头误当成臭虫。

"我告诉他们要保持冷静，不要随便崩溃。使用放大镜瞧瞧，线头是没有六条腿的，也不会爬。"

我点了点头。我必须记住这一点。

"有时他们以为自己被臭虫咬了，其实完全不是那么回事。在这种情况下，我会问他们附近是否有建筑工地。"安迪说。

"为什么？"

"很多人对混凝土灰尘过敏。那东西如果落在皮肤上，肯定会发痒。"

然而，有些人经历了比混凝土灰尘更严重的问题。这类不幸的人患有寄生虫妄想症（有时称为埃克波姆氏综合征），他们总觉得寄生虫在身上或皮肤下面爬。这些妄想出的感觉似乎因人而异，据说像蛇、昆虫或其他害虫在爬的感觉都有。患者还声称，这些生物污染了他们的家园、衣服和物品。在某些情况下，吸毒（"可卡因"或"冰毒"）或偏激戒酒也可导致寄生虫妄想症，但是最近在纽约城这样的地方，臭虫妄想症明显将一些城市居民的神经衰弱症提高到了一个新水平。

某天下午吃饭时，乔迪·冈洛夫—考夫曼叙述了她在拿骚合作推广部门工作时发生的一件事。"有个人坚称他浑身上下有虫子在爬。为了证明这一点，他带来了他的床单和内衣。"

我做了个鬼脸，服务员连忙向我快步走来，她可能以为我在寿司里发现了一根骨头吧。

"是的，我们当时也是这种反应。"就在我冲服务员摆手的时候，乔迪说。

"你们找到了些什么？"我问。

"我们没有发现任何东西，"她说，"显然他很不满意。他紧张地往自己全身和他十岁的儿子身上喷洒花园用的杀虫剂。"

"症状都是相同的，"安迪·利纳雷斯告诉我，"人们反映有瘙痒的感觉，但并没有被咬。他们说看到有东西四处爬，第二天它们就飞走了，看起来像小团织物和小段线头。"

"安迪，这些人以为他们沾染了臭虫。你处理过他们的公寓吗？为了让他们不再唠叨？"

"当然没有！"臭虫专家怒了，"如果这样做，你将永远摆脱不了他们。"

他解释道，外交和国际事务专业背景（他拥有福特汉姆大学的硕士学位）是如何确切地帮助他应对感染臭虫的狂乱受害者的，既包括真实的，也包括想象的。

"人类可以对付蟑螂和老鼠，但臭虫完全是另一码事。它们是昆虫里的忍者，神秘而阴险，人类在被它们侵犯时感到深深的无能为力。"

他说，他工作的一部分就是当心理健康顾问。"当人们把自己交到我的手中时，这几乎就是种治疗了。他们受到了关于臭虫的旧观念的非难，认为这事低劣、污秽等。所以他们不愿声张。'不要让任何人知道你在做什么'，他们这样告诉我。"

就在这个节骨眼上，我和安迪的谈话被一个电话打断了。电话里是一个女人，她刚刚发现她的女儿从大学宿舍带回了臭虫。小怪物现在出没于她的家中，她都疯了。安迪对她说，几分钟后回电话给她。

安迪摇了摇头："当我告诉她在我们对她家进行处理之前她都需要做什么的时候，她都快崩溃了。"

"为什么？"我问道。

"因为她的家务繁重。家具、床上用品、杂志……必须毫不留情地扔东西。"安迪告诉我，"一切有裂纹、折痕或裂隙的东西都得丢掉、用蒸汽清洗或进行真空吸尘。"

"所有？"我问。

安迪点点头："拥有大书房或老古董收藏的人差不多得纠结死。"

准备工作后，"被感染的东西"①或者被打包装进一个密封的容器加热，或者被灌入硫酰氟（磺酰氟）一类的熏蒸消毒剂放置 48小时。

"在第二次世界大战之前，臭虫感染是很常见的，"安迪·利纳雷斯解释说，"但在20世纪四五十年代，DDT的使用几乎使其灭绝。"

瑞典化学家保罗·穆勒（Paul Müller）发现DDT对节肢动物，如蚊子、蟑虫和飞蛾是一种有效的接触性杀虫剂，因此被授予了诺贝尔生理学奖。穆勒发现DDT引起神经元自发性停摆，这对于飞、咬或爬这些行为来说，可不是件好事。

---

① 这里基本上指的是除了宠物、植物和食物以外你所有的财产了。

黑色盛宴

然而，到了20世纪50年代中期，臭虫已经普遍对DDT杀虫剂有了抵抗力，另外两种备用药剂马拉松（Malathion）和林丹（Lindane）成为防治的首选。不幸的是，在接下来的十年中，开始有研究显示，这些农药不只对昆虫有致命影响[①]。

"我们现在使用拟除虫菊酯。"乔迪·冈洛夫—考夫曼博士在她的演讲中说。

拟除虫菊酯是人造化合物，与天然杀虫剂（由菊花制成的除虫菊）的化学结构和杀虫属性相似。据伊利诺伊州卫生部发布的一份简报称，"如果使用得当，人们将发现，拟除虫菊酯对人类健康和环境构成的风险非常小"。与前面提到的（已被禁用的）杀虫剂不同，拟除虫菊酯在使用后一两天内就会产生明显效果。这意味着，即便有所摄入，它也不会黏在你的身体里导致缺陷或癌症等问题。

我当时觉得挺不错啊，有这个就够了吧。

但几天后，我从安迪·利纳雷斯那儿了解到，臭虫防治远没有那么轻而易举，害虫防治专家实际上在对抗臭虫的战争中会使用一些添加物。

例如"臭虫走开"害虫防治网站（Bug Off Website）就建议职业灭虫者，应该在所有可能的裂缝和孔洞处注入"多种清洗剂（565-XLO，CB123 Extra）、气溶胶（D-Force）、液体残留（Permacide Concentrate，P-1 Quarts，P-1 Gallons）、粉末（Drione）、消毒液（Sterifab Pints，Sterifab Gallons，Sterifab 5-Gallon）和生长

[①] 事实证明，这三种化合物对人类和大多数其他生命来说也是有毒物质。蕾切尔·卡森（Rachael Carson）在其具有里程碑意义的著作《寂静的春天》（*Silent Spring*）中生动地描绘了DDT一类的农药对环境和健康造成的长期影响。最终，《寂静的春天》中对DDT提出的警报引发了现代环保运动，在20世纪70年代中期，马拉松、林丹和其他化合物（有机磷和氨基甲酸盐）在美国和其他国家被禁止作为农药使用。

调节剂（Gentrol Aerosol，Gentrol Vials，Gentrol Pints），并做一番综合治理"。

"臭虫渐渐开始对拟除虫菊酯也产生抗药性了。"路易斯·索金说。

安迪·利纳雷斯表示同意："所以使用多种化合物以减少抗药性因子。"

冈洛夫—考夫曼博士还提出了臭虫死灰复燃的问题并介绍了另一种相关处理方法。

"以前，"她说，"职业灭虫者经常定期在护壁板和装饰用的嵌线处喷杀虫剂来防治蟑螂。"

她继续解释道，这些喷雾很有可能不仅杀死了蟑螂，而且对防治臭虫也有积极的影响。

"但现在的蟑螂防治已不同往日。"她说，"在许多情况下，他们用毒药饵代替喷涂。但由于臭虫仅以吸血为生，蟑螂或蚂蚁的饵对它们是无效的。"[①]

安迪·利纳雷斯称："那些老式喷雾提供的只是额外的保障，因为它们会蒸发并再沉积到最初喷洒区域附近。"

大家的共识是，"臭虫炸弹"是处理臭虫的可怕方法。

"这简直是最糟的方法之一！"冈洛夫—考夫曼博士说。

"你可能会杀死一些个体，但也会把一些臭虫送进孔隙和隐蔽区，比如进入邻居的公寓。"吉尔·布卢姆提出了警告，"而且臭虫炸弹分摊到每只臭虫上的剂量都不会致命。"

"这只会刺激它们，让它们撤退一阵儿。"当我们坐在路易斯·索

---

① 有一点需要注意，"黏着诱捕器"可以用于诱捕蟑螂一类的昆虫，却对臭虫不起作用，因为臭虫更喜欢在陷阱周围游荡或者隐藏其下，而不是在其黏性表面跑来跑去。

金位于美国自然历史博物馆的办公室里时，他这样告诉我。

我问昆虫学家，臭虫防治本身已经成为问题的一部分，其中是否有其他原因。

"唔，在纽约州，你不能对一个建筑采取预防措施，这意味着，根据法律规定，你不能预先进行臭虫防治处理，除非有举报说遭到了侵扰。"

"怎么回事？"

路易斯犹豫了一下，我敢说，他对回答这个犀利的问题感到有点不太自在。但在我的委婉攻势下，我所得知的能够确定的原因是，禁止先发制人地打击臭虫（以及使用某些杀虫剂）有着更多的政治原因而非关乎科学。

"喏，政客必须取悦选民。"路易斯打趣道。

当我决定告辞的时候，突然想起路易斯之前提到过让我给他的臭虫喂食。

我向罐头瓶子点了点头："那么，你怎么养活那些家伙呢？"

"很简单，"他说，"就是把罐子倒扣在手臂上，保持五分钟左右。"

我看着路易斯卷起了衬衫袖口，不禁注意到他的胳膊上有几个圆形的小红斑，每个的大小和形状都与罐子盖上有网眼的孔相吻合。

"这可真……了不起……"我结结巴巴地说。

"其实不怎么痒，"他说，"反正我都习惯了。"

他一定看到我盯着他的手臂了。"有时，我觉得是不是哺育它们的时间有点太久了。"他耸了耸肩。

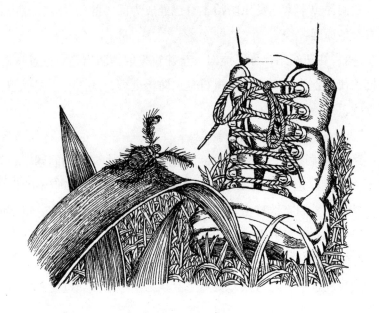

蜱虫——肮脏又下流的生物。

——老普林尼

对蜂巢不好的东西，

对蜜蜂也不会好。

——马可·奥勒留《沉思录》

第八章
螨类和人类

　　1991年8月我第一次来到特立尼达时，只带了一条棉布长裤和五条短裤。我想："嘿，反正每天都很热，谁会需要长裤呢？"

　　后来，在去乡下以及去任何其他我刚好要工作的热带地区时，我只带了一条短裤——仅为了在镇上闲逛（如果有镇的话），此外还有五条长裤。

　　前后置装反差如此之大只因为一个词：恙螨。我发现，要想亲身体验这些小寄生虫，最简单的方法就是穿着短裤和凉鞋穿过草地或林地。不幸的是，这正是我初次遭遇它们时的情形，我当时正走在所住的PAX旅馆（这里是我的驻地及实验室）后面的林荫小路上。

　　这原本不算个坏主意，至少一开始还不是。当时正处华氏90度的高温，再加上潮湿，我悄悄逃离实验室的工作，寻思着也许走在绿色的树冠下可能会给自己降降温。

　　徒步旅行本身是平淡无奇的，而且它完全不同于晚上穿过森林。听不到那些夜晚才能听到的声音了——此起彼伏的啾啾、嗡嗡和滴答声，所有的声音都在对抗蚊子的低鸣。随着夜间行走在热带雨林次数的增多，我就越来越意识到树本身是活着的，上面还布满生命，这种意识带来一股淡淡的幽闭恐惧，无法形容，却又从未完全消失。

但是现在，在下午三点的高温中，森林沉默了，一切都静止着。

我很快返回PAX，因为我觉得任何值得一看的生物都足够聪明到不会选择在如此严酷的条件下露面。

溜过前门，我碰上了旅馆的经理杰拉德。杰拉德的身高在"罗丝阿姨的标尺"中偏低，但天生孔武有力。他这个人非常有趣，拥有令人难以置信的才智，他和他的荷兰贤妻奥达将这所旅馆经营得有如"山顶的地标"，好像他们是为工作而生的。杰拉德性格中唯一的缺点是讨厌蝙蝠（真为他感到遗憾，因为就在他后门外的雨林中大概有30种蝙蝠飞来飞去）。

"年轻人，你去哪儿了？"杰拉德问道，他的声调高扬，差点震碎我的太阳镜。（杰拉德管所有88岁以下的男性都叫"年轻人"；最近一次返回PAX时，我妻子珍妮特和研究生玛丽亚获悉，杰拉德已经把她们俩都叫作"小甜妹"了。）

"只是散了个步。"我说，尽量不把汗滴到精美抛光的木地板上。

杰拉德投来一个眼神，就好像听到我刚刚出去捡公路上被撞死的动物一样。"随便你吧。"他说，冲我并无恶意但不屑一顾地挥了挥手，匆匆离开了。他大概想寻找更聪明的住客聊聊吧。

第二天醒来，我发现在我欠考虑地散步时，并不是所有的森林生物都午休着。我低头一看，发现环着腰有一堆发痒的红点，像麦哲伦尿布疹。

洗了个热水澡后，我涂了一些炉甘石洗剂，但奇怪的是，痒得却更厉害了，到那天晚上我已经用完了整整一瓶——展示了一个瘾君子在发烫的充满粉红色液体的裂纹上能保持的所有自制力。

　　　　　　　　　黑色盛宴

出于尴尬，我决定保守我有一条"红腰带"的秘密。

"我听说你被恙螨咬了？"第二天早餐时，我的研究生导师约翰·赫曼森问我。

暴露了！谁让我现在看起来像在腰间戴着一个灌满五加仑炉甘石洗剂的鼓呢？这也只能怪我自己。

"是的。没问题。"我说，尽可能冷静淡定，"我感觉好多了。"

"很好。"他说，注意力又回到满盘的鸡蛋上，"因为如果你继续像那样摩擦桌子，他们很可能会逮捕你。"

在接下来的几天里，皮疹实际上变得更糟了，我越来越控制不住想抓挠的愤怒。我想让自己转移注意力，于是开始想象如果被困在一个小岛上，我该如何处理这种情况。我发现只要把手指插入皮带扣模仿一些老派的耍帅动作，我就会同时去抓所有恙螨叮咬的地方。但同样重要的是，我学会了穿着轻便的长裤并把裤边塞进靴子，就可以完全避免叮咬。至于保护上半身，我发现一种超轻的长袖衬衫，在对抗恙螨的装备领域真是画龙点睛的一笔。然而，最关键的知识点在于，不要在一天中最炎热、最潮湿的时候去森林或灌木丛中闲逛。

通过一番调查，我确定我所遭受的瘙痒和红肿是一种皮炎，走运的是，我的症状并没有拖到十天那么久，而只持续了五六天。还很幸运的是，特立尼达的恙螨不传播某种严重的、可使旅程终止的细菌性感染疾病。我已经徒步穿越了东南亚和南太平洋的灌木丛地带，冒着被恙螨（比如 *Leptothrombidium akamushi*）感染"恙虫病"的风险。日本人在两千年前就第一次描述了这种小节肢动物（akamushi在日语里类似于"危险的小虫"的意思），虽然 *L. akamushi*不是虫，或者说某种意义上讲不是昆虫，但其叮咬可将一种潜在的致命细菌传染给人类。

最初，恙虫病东方体（*Orientia tsutsugamushi*）这种细菌通过恙螨叮咬或接触恙螨的排泄物接种到宿主的皮肤上，然后通过宿主的血液传播侵入内覆组织——由平铺的细胞组成的脊椎动物血管的内层。东方体属（立氏立克次氏体的近亲，导致落基山斑疹热的细菌）通过这种狡猾的方式得以接近内皮细胞的内部，在这过程中，还要上演一出微观世界版的特洛伊木马的把戏。被宿主细胞吞噬，东方体属被包进充满酶的"死亡袋"（吞噬体）中。在等待被细胞溶解（对于那些跳过了"血液"一章的读者来说，或可以称之为"被分割"）时，这种细菌会逃避宿主细胞膜结合形成的监禁，并在细胞的凝胶状细胞质中定居，以此来挫败宿主细胞的防御。在那里，东方体属以一种叫做"二分裂"的形式迅速进行无性繁殖[1]。很快包裹细菌的宿主细胞便会破裂，数以百万计的新病原体开始感染下游的内皮细胞。

在第二次世界大战期间，盟军在东南亚和南太平洋被恙螨和蜱虫传播的疾病所蹂躏。其中，恙虫病是最常见和最致命的。恙虫病有时被描述为螨传播的立克次氏体（杆状细菌，原名恙虫病立克次氏体），其感染症状是高烧、肌肉疼痛、淋巴结肿大和精神错乱，以及严重的皮疹。如果不及时治疗或治疗太晚，恙虫病可引起脑炎、循环衰竭，甚至死亡。

在研究节肢动物传播疾病的熟悉的模式中，携带病原体的恙螨，其首选宿主并不是人类而是啮齿动物。在第二次世界大战的太平洋战区，由于军队的大量涌入，老鼠、野鼠、田鼠数量爆发，人们制造大量垃圾的同时也要忍受肮脏的生存条件。因此，人类被恙

---

[1] 本质上，从一个细胞开始，遗传物质分裂，细胞质分裂，最终会得到两个完全相同的子细胞。

恙 虫 病

由老鼠传播给恙螨，再传播给人类
在亚（洲）太（平洋）地区的战场中
请采取以下预防措施

在进入野外之前，将QM杀虫剂喷于手、腕、脸（避开眼部）、脚踝和裤腿、短袜、裤腰里	尽可能将衣服浸透于恙螨驱虫剂中	在野外，放下袖子，将裤子塞进靴子中	避免坐或躺在草地上或者潮湿的木头上	用GI皂和粗布擦洗整个身体	尽可能清洁营地周围的矮树丛和植被

螨叮咬变得越来越频繁，直到恙虫病成流行病。在20世纪40年代初，并没有什么特定的治疗方法①，所以比起其他传染病，在缅甸—印度—中国战场上更多的士兵死于恙虫病②。恙虫病问题如此严重，以至于20世纪50年代的一些科学文献通常将传播疾病的恙螨描述成人类的敌人：

---

① D. J. Kelly, A. L. Richards, J. Temenak, D. Strickman and G. A. Dasch. "The Past and Present Threat of Rickettsial Diseases to Military Medicine and International Public Health," *Clinical Infectious Disease* 34, Suppl. 4 (2002): S145-169.

② 根据《恙虫病信息报》(*Typhus Information Paper*) 上"美国陆军医学研究和物资战略"2005年公布的数据，美国军事人员在"二战"时期的亚洲—太平洋战场上发生了5441例恙虫病，导致了283人死亡。参见Tyler A. Woolley, *Acarology-Mites and Human Welfare* (New York, John Wiley and Sons, 1988), 444。

所有巴布亚的海岸及其附近岛屿的恙虫继续对美军采取伏击战术。向东京进军的越岛作战的大部分部队总是四处寻找高大的丝茅（Kunai grass）做隐蔽所，但那里也是恙虫的藏身之处。

——《"二战"中的昆虫学历史》，1957年[1]

毫不奇怪，恙虫病造成的死亡人数加剧了人们对寄生虫的恐惧，这种恐惧促使一个紧锣密鼓的研究的开始，并开辟了蜱螨学这一现代科学（即研究恙螨、螨和蜱虫的专业学科）。最终，抗生素（如四环素、强力霉素和氯霉素）成为治疗恙虫病和其他螨传播疾病的有效药物[2]。

与其他细菌病原体一样，抗生素耐药性越来越成为问题。例如在泰国北部的一些地区，恙虫东方体进化出了强力霉素和氯霉素的耐药菌株，结果15%的恙虫病感染者死于此[3]。这种类型的耐药性可归于几个因素：细菌繁殖的惊人速率、细菌变异的高速率和滥用抗生素现象。滥用抗生素最常见的形式之一表现为，通常只要病人感觉稍好，就不再使用规定的抗生素了。事实上，当他们决定在自己的抗生素治疗完成之前就停止用药，还是很危险的。为什么？假设一个人体内有1000个细菌，要求用抗生素治疗7天。将细菌繁殖暂且忽略（因为这只是个理想模式），假设抗生素5天杀死900个细菌，

---

① Emory C. Cushing, *History of Entomology in World War II* (Pub. 4294) (Washington, D. C.: Smithsonian Institution, 1957), 80-81.

② George Watt, David Walker, "Scrub Typhus," in *Tropical Infectious Diseases: Principles, Pathogens, and Practice*, vol. 1, ed. Richard Guerrant, David H. Walker, and Peter Weller (Philadelphia, Churchill Livingstone, 1999), 592-597.

③ George Watt, C. Chouriyagune, R. Ruangweerayud, P. Watcharapichat, D. Phulsuksombati, K. Jongsakul, et al., "Scrub Typhus Infections Poorly Responsive to Antibiotics in Northern Thailand," *Lancet* 348(1996):86-89.

黑色盛宴

6天杀死990个。如果病人在第六天停止服用抗生素，细菌会幸存下来吗？那10个幸存者就是最耐抗生素的。现在开始考虑细菌繁殖因素，这些幸存的细菌开始繁殖，新产生的每一代都会表现出与原始的10个幸存者相同的抗生素耐药性[①]。

现在，我们已经看到了恙螨的严重影响，下面我们来弄清楚它们究竟是什么。简言之，它们是一些幼年阶段的寄螨[②]。

那么蜱虫呢？

和恙螨一样，由于通过叮咬来传播病原体，所以它们的大名已经家喻户晓了。从20世纪70年代中期开始，美国以及其他一些地区对比蜱虫传播性疾病更严重的疾病的担忧在不断增加，特别是莱姆病和落基山斑疹热。

蜱虫（有点像臭虫）正在逐步成为害虫，如果真是这样，原因在哪里？蜱虫传播性病原体也开始对我们的治疗免疫了？还是说有别的答案？莱姆病呢？症状为什么如此多样（从小烦恼升级为灾难，甚至改变了生活）？一些人认为这是慢性病——一个专家们拒绝谈论的东西。我们已处境堪忧，疫苗又去哪儿了——莱姆病疫苗呢？

好吧，在处理草垛之前（恙螨就埋伏在那里），让我们先了解一些基本知识。首先，恙螨、螨、蜱虫并不是昆虫，但像昆虫，它们属于庞大的无脊椎节肢动物门。事实上，它们是唯一一种在多样

[①] 基于同一道理，不难明白，为什么违法的抗生素或来历不明的抗生素是特别危险的东西。

[②] 除了饮食上的差异，恙螨在体形上小于成年螨虫，而且有六条腿而不是八条腿。

性上可以与昆虫竞争的节肢动物族群成员——蛛形纲动物（还包括蜘蛛和蝎子）。

恙螨并不是完全意义上的吸血生物，之所以注意到它们是因为它们的吸血表亲——蜱虫。在生物学以及奇怪的行为方面，二者在很大程度上相似。此外，数以百计的螨类成年后吸血，只不过很多螨以无脊椎动物的血为食，比如血淋巴（存在于看上去像昆虫的节肢动物身上）。这些螨/昆虫之间的交互行为最近也时常出现在新闻报道中，尤其是在涉及农业和蜜蜂产业时。

在生物进化上，螨和蜱虫非常接近。很有可能，蜱虫的祖先（始祖蜱虫）实际上是螨虫，逐渐变异成为专性吸血的动物（就像吸血蝙蝠的祖先并不吸血）。

为什么一些螨虫保留了幼虫吸血的生活方式一直长至成年，而其他身体特征（如性器官）却发育正常？答案是，保持幼虫（幼

　　　　　　　　黑色盛宴

体）特征作为另一个成熟的个体，是另一个新物种如何进化的示例。这一观点由进化胚胎学家加文·德比尔（Gavin de Beer）于1930年提出基本前提[1]，并由古尔德在其著作《个体发育与系统发育》（*Ontogeny and Phylogeny*，1977年出版）中发扬光大[2]，即"进化发生在个体发育[3]以这两种方式之一进行改变时：在任何发展阶段引入新特征，且对后续阶段产生不同的影响；或当特性在发展中已适时表现出其经历了变化"。

在第一种情况下，古尔德的"引入新特征"源于遗传学改变，比如基因突变，个体的基因蓝图在DNA复制[4]的过程中发生变化。在这个时候，复制机制中的差错（有时是变种）会导致DNA的突变链。在这个对"进化如何运作"的经典解释中，在某些情况下，DNA突变导致了个体的新特征。

我们已经看到了这种突变的假定结果（前文提到的马和吸血蝙蝠），但让我们再仔细看看这些例子中的第二个。假设原始吸血蝙蝠的基因突变导致了牙齿结构的变化，如果这次突变恰好产生了尖锐的牙齿（给原始吸血蝙蝠一个悄无声息咬猎物的好机会，从而增加了其生存和繁殖的概率），那么这个新颖的特征将被视为"适应性"。原始吸血蝙蝠的后代（包括发生突变的蝙蝠的后代）在尖锐的牙齿方面会表现出更高的发生率，因为那些没有这个特征的原始吸血蝙蝠不太可能在当地环境中生存和繁殖。随着时间流逝，原始吸血蝙蝠可能会积累越来越多的新特征（如含抗凝血剂的唾液和

---

[1] Gavin de Beer, *Embryology and Evolution* (Oxford, England: Clarendon Press, 1930).

[2] Stephen Jay Gould, *Ontogeny and Phylogeny* (Cambridge, Mass.: Belknap Press, 1977), 4.

[3] 个体发育是指一个个体从受精卵到成熟个体的发展过程。

[4] DNA复制（即DNA合成）是指，在细胞分裂之前的双链DNA分子复制的过程，确保每次产生的两个细胞包含一个原始基因蓝图的完整拷贝。

改良了的排泄系统），现有的环境条件也同样"选择"适应性。最终，这些蝙蝠变得与它们的祖先足够不同，可以被认为是一个新物种了。在这种情况下，成为了真正的吸血蝙蝠。"二选一"①（这是很多人忽略的一部分），突变可以使牙齿变锐利，也可以使牙齿变钝，这"不适应的"特征将会减少个体幸存到生育年龄的机会，只有到那时它才可以将突变传给下一代。

考虑这最后的可能使我们更容易理解，在某种程度上，进化其实是件碰运气的事。这也让我们认识到假设的问题，比如"环境的改变和古代吸血蝙蝠需要锋利的牙齿让咬变得无痛，所以它们进化出锋利的牙齿"。这个论证看上去有点道理，且背叛了一个常识性错觉，即人类有进化机制。

让—巴蒂斯特·拉马克（Jean-Baptiste Lamarck，1744~1829）是第一位提出了进化机制，即进化概念（和其他相关想法）的博物学家，死后被葬在一个租来的墓地中，他一生的工作几乎被世人所遗忘。现实中，拉马克是科学界的重量级人物，他的履历中饱含对植物学、分类学和生物进化学颇有先见之明的见解。事实上，他可能是第一个提出物种随着时间的推移逐渐改变，它们这样做是因为自然过程（而不是什么超自然的力量）的科学家。在业余时间，拉马克是第一个单独将甲壳类动物、蛛形纲动物和环节动物与昆虫区分开来的博物学家（尽管打扫房屋时已经反复遇到这个问题很多年了），他还创造了"无脊椎动物"这个词。总的来说，他拥有大量巨大的成就，其中大部分完全被忽视，未能得到赏识，最重要的是（对于高中生来说）没能被记住。相反，几乎每一本生物学导论课

---

① "二选一"，正如我们将看到的，影响发育顺序的突变也可以提供变异，成为进化变化的原料。

　　　　　　　　　　　　　黑色盛宴

本都在抨击拉马克。事实上，拉马克的这种荒唐理论，也就是"获得性特征的遗传"，就像在一个可怜男人脖子上挂了只信天翁（或者确切地说，是挂了只长颈鹿）。

拉马克的长颈鹿故事可以用来解释进化是如何继续的。曾经有一种短颈的动物（我们姑且称之为原始长颈鹿），这种动物以低矮的叶子为食。出于某种原因，环境改变了，这些植物灭绝了，短颈动物面临食物供给不足的境遇[①]。根据拉马克的观点，此前以垂下来（现在灭绝了）的植物为食的原始长颈鹿，就需要更长的脖子去够到更高树枝上的叶子。这需要以某种方式产生出细长的脖子，于是导致了现代长颈鹿的演变。

---

① 在还没人明白之前，拉马克就敲定了一个事实，为了进化的产生，环境变化（就像刚刚描述的）是必要的。

虽然花了一些时间诋毁拉马克（达尔文实际上在《物种起源》一书中借助了拉马克的概念），但最终人们提出了这样的问题："如果拉马克是正确的，那么为什么被割了包皮的父亲生出的男孩还是带着包皮？"[①]

实际上，一个人一生中做过什么事情，并不会对其后代的基因构成任何影响。无论我们谈论的是中新世始祖马的长鼻子和腿，还是古老的吸血蝙蝠尖锐的牙齿，任何能遗传的变异都必然导致变化发生在基因层面上（即改变基因蓝图的一部分或改变基因程式运作的时机）[②]。

这种改变基因程式运作的时机，解释了蜱虫可能是由恙螨演变而来。在这种情况下，吸血也许不是一个新颖的特性（古代吸血蝙蝠已经具备了），但可能只是出现的时机到了。在一个称为"异时性"的过程中，发育事件的时机被改变了。异时性，可以解释第一只蜱虫的螨虫祖先的起源，这只螨虫保持其幼虫时的摄食行为直到成年。

这样的事是怎么发生的？

在自然界中有大量例子，但最广为人知的是性早熟现象，即有机体达到性成熟，同时又保留了幼体时的特征。典型的例子有大鲵和泥螈（*Necturus*），它们成年后都保留鳃。绝大多数两栖动物（像大多数蝾螈以及泥螈的表亲，如青蛙和蟾蜍）在幼体变形成为半陆地成年个体时，这种呼吸道结构会消失。

假设在幼态持续的情况下，突变允许一些蝾螈保留自己的鳃直到

---

① 很久以后，一群养尊处优的科学家提出了一个相当跑偏的问题："为什么顶级保龄球选手生的孩子不是天生就会打保龄球呢？"大概这个问题刚好出现在20世纪60年代中期，那时职业保龄球赛成为广受欢迎的电视体育节目。但就其本身而言，这种现象困扰着许多进化生物学家。

② 同样重要的是，这些变化只有发生在个体的配子（精子或卵子细胞）中才能遗传。体细胞突变（如癌症）以及发生在非性细胞上（如皮肤中的细胞），是不会传递给下一代的，虽然一个人的DNA遗传变异会使他或她更易于罹患皮肤癌。

性成熟。最明显的问题是，为什么这个特定特性成为一个适应性特征呢? 迄今为止最好的假说认为，选择压力保留了鳃。个体成年后可能会遇到陆地环境的变化 (例如出现新的捕食者或干燥的环境)，于是保持幼年状态，延长待在池塘里的时间，会使自身更安全。

同样，再看蜱虫的进化。也许当地脊椎动物的群体大小或物种多样性有所增加 (都是环境变化的形式) 导致一些螨虫拥有偶然的进化优势，保留了幼虫寄生的饮食习惯。就像脊椎动物拥有更多可利用的食物来源一样，比如在泥螈身上，这种适应从突变开始进化，虽然没有产生新特征，却改变了一个预先存在的特征的发展时机。顺着这个假设得出结论，原始蜱虫从以液化的细胞含有物为食 (像它们的螨祖先一样) 转型为完全以血为食时，真正的蜱虫开始进化了。

然而大多数研究人员认为，第一只蜱虫出现在白垩纪早期 (约1亿年前)；无独有偶的是，在那段时间，巨大的脊椎动物也开始多样化了起来。

在蛛形纲动物中，恙螨、蜱虫和螨属于蜱螨亚纲，此纲包含大约850种蜱虫和3万种螨。

根据《蜱螨学原理》（*Principles of Acarology*）的作者格威利姆·埃文斯（Gwilym O. Evans）的观点，蜱类动物由于已建立了与其他动物的亲密关系，故与其他蛛形纲动物已是不同。在螨身上，这些关联的范围从共生共栖到寄生状态都有体现。

简单地说，共生关系是指两种不同的生物一起获得一些共同利益。在螨之中，也许最奇怪的共生例子莫过于黄胸散白蚁（*Reticulitermes flavipes*）和黏液螨（*Histiostoma*，薄口螨属）之间的关系了。[1]研究者发现蚁巢经常感染致病真菌（绿僵菌，*Metarhizium anisopliae*）。真菌侵入白蚁的身体，分泌一种致命的毒素，然后通过分解这些吃木头的家伙来汲取营养。最后，像根一样的真菌菌丝穿透白蚁尸体的外壳，呈爆发性增长，并将生殖孢子传播到整个蚁巢。这种破坏性真菌甚至可用于白蚁的生物防治。对白蚁来说，幸运的是（虽然对房主和杀虫剂来说是不幸的），黏液螨生活在蚁巢中，不仅吞吃致病性真菌，而且当它们在蚁巢中转悠的时候还可以传播细菌、酵母和其他微生物体。这就开启了致病性真菌和这些非致命性分解者之间的竞争，结果抑制了绿僵菌的生长和孢子形成（生殖孢子的释放）。多方来看，这就好比黏液螨充当了白蚁的一个外部免疫系统。

---

① Timothy G. Myles, "Observations on Mites (Acari) Associated with the Eastern Subterranean Termites, *Reticulitermes flavipes* (Isoptera: Rhinotermitidae)," *Sociobiology* 39, no. 2 (2002): 277-280.

黑色盛宴

偏利共生（螨和其他动物之间另一种类型的关系）是指两种生物之间，一方从相互关系中受益，另一方虽然不受益但也不受害。螨身上有一种偏利共生的形式，叫做寄载现象，即指较小的生物（也就是螨）以运输为目的附着在其他有机体身上（如昆虫）。因为承运人没有受到伤害，所以你可以将这看成臭虫被动转运的温情版本。最奇怪的转运，要数蜂鸟花螨（*Proctolaelaps kirmsei*），它们专门搭乘蜂鸟的鼻腔在花中穿梭。[1]尽管蜂鸟没有受到身体上的伤害，但它们两个最终会争夺相同的花粉和花蜜，所以这算不得教科书上共生的确切例子。

蜱螨学家泰勒·伍利（Tyler Wooley）列出了螨虫影响人类的五个重要方面：①健康（传播疾病，使身体产生过敏和炎症反应）；②农业（它们寄生于农作物、家庭、花园植物和农场动物上）；③存储农产品（它们生存和繁殖时对粮食、谷物和蔬菜造成巨大损害）[2]；④生物防治（捕食螨参与控制其他害虫，如火蚂蚁甚至其他螨虫。同时，其他昆虫可以引入我们的花园，比如瓢虫可以捕食损害植物的螨）；⑤美学（没人喜欢浑身疥癣的杂种狗或被螨啃得斑斑点点的室内植物）。[3]

作为一个群体，螨虫展示出各种各样令人眼花缭乱的谋生方式。例如，大约140种螨被确认生活在室内灰尘中[4]。此外，如果你观察得够仔细，就会发现螨虫滋生于藻类、书籍、植物鳞茎、奶

---

[1] R. K. Colwell, "Effects of Nectar Consumption by the Hummingbird Flower Mite *Proctolaelaps kirmsei* on Nectar Availability in *Hamelia patens*," *Biotropica* 27(1995): 206-217.

[2] 昆虫学家阿诺德·马里斯（Arnold Mallis）认为："螨如此大量地寄生于粮食中，感觉整堆粮食好像都在动一样。……如果将一些涉嫌包含螨虫的面粉堆在光亮处，螨虫会远离光，所以最好将面粉摊平。"这一观点立刻让我想起路易斯·索金和他香茅味儿的臭虫群，作者指出："大量的臭虫会释放出有点甜的霉味，有经验的人不用亲眼看见，仅凭这个特征即可觉察到有臭虫出没。"

[3] Woolley, *Acarology-Mites and Human Welfare*, 3.

[4] William Olkowski, Sheila Daar and Helga Olkowski. *Common-Sense Pest Control* (Newtown, Ct.: Taunton Press 1991), 159.

酪、水果干、干肉、毒品、面粉、真菌、家具、谷物（如玉米、小麦、燕麦、大麦、黑麦、荞麦、小米）、果酱、果冻、床垫、霉菌、蘑菇、花蜜、坚果、纸、花粉、海草、种子、孢子、稻草、糖、香草豆荚和壁纸中。螨虫影响数以百计的植物物种和几乎所有你叫得出名字的野生动物、农场动物和宠物。动物受螨虫侵扰的部位有耳朵和肛门，以及这两点中间所有的部位。

除了对尘螨和它们的粪便有过敏反应，也许人类最常遇到的与螨有关的健康问题是由疥螨（*Sarcoptes scabiei*）造成的疥疮[1]。疥疮会产生皮疹和强烈的瘙痒症状[2]。这症状源于宿主的身体对螨的分泌物和螨寄生时释放的排泄物的反应。长约0.5毫米的年轻雌性疥疮螨会在宿主的皮肤上打个洞，雄性很快就来协助。只交配一次后，雌性即受精。不久，雌性走出蜜月套房（留下雄性等待死亡）。受精的雌性在宿主体表寻觅（速度达到每小时152厘米），直到找到一处挖个永久的洞（手和手腕很受欢迎），挖掘的速度为每天大约5毫米，雌性以宿主细胞破裂流出的液体为食。它还需要每天抽出时间产几颗卵，用于支撑越来越长的洞穴的墙壁。幼体孵化出来后，经过几个发育过程，离开母亲和托儿所。在向上爬窜的过程中，疥疮螨一般会随着长时间的身体接触蔓延到新的宿主身上。

直到不久前，疥疮还被认为是穷人、下层社会人和性乱交人的疾病，这一观点以一种相当独特的方式受到了挑战。1936年，权威的《美国医学协会杂志》（*Journal of the American Medical*

---

[1] William Olkowski, Sheila Daar and Helga Olkowski, *Common-Sense Pest Control* (Newtown, Ct.: Taunton Press 1991), 164-166.
[2] 疥疮这个词来自于拉丁语scabere，意为"抓"。

Association）上刊登了一篇名为《小康人群的疥疮》的文章[1]：

> 疥疮是一种放牧、滥交和旅游都可导致的疾病，存在于家庭
> 生活、学校生活和度假生活中。它是军队、公寓和贫民窟的瘟疫。
> 它会以同样的力度入侵高级学校、营地或宏大的城堡酒店。曾经
> 存在的由社会边界引发的观念差异，现在已完全没有了，大亨也
> 可能得脚气，社会名流、大学教授与技工的女儿一样领救济金。

另一种螨虫在今天引起了特别关注，这就是瓦螨（*Varroa destructor*），它捕食几种类型的蜂，包括蜜蜂（*Apis*）和大黄蜂（*Bombus*）。瓦螨可以被视为一种无脊椎吸血鬼，它以血淋巴为食。[2]蜜蜂的循环系统没有运输气体的功能，所以没有携氧血红蛋白，其血淋巴不像脊椎动物的血液呈红色。然而，这种复杂液体包含多种血细胞，它们与白细胞起到的作用相同，其功能包括吞噬作用以及免疫，甚至还存在血细胞版本的干细胞。

雌螨进入蜜蜂巢（或蜂房），它们在成年蜜蜂把包含幼蜂的育幼室封闭之前将卵产入育幼室。寄生虫以蜜蜂幼虫、蛹阶段的龄幼虫以及新孵化的成年蜜蜂为食，同时利用它们进行传运。与其他节肢动物寄生虫相比，瓦螨可以将病毒和细菌病原体传播给它的宿主。

最近，令全球瞩目的蜜蜂损失已成为一个主要问题，不仅在养蜂行业内部，而且农民种植的超过90%的经济作物都要靠蜜蜂授粉[3]。蜂群衰竭失调 [原名蜂群崩坏症候群（Colony Collapse

---

[1] John H. Stokes, "Scabies Among the Well-to-Do", *Journal of the American Medical Association* 106 (1936): 675.

[2] Gwilym O. Evans, *Principles of Acarology* (Wallingford, UK: CAB International, 1992), 173-174.

[3] 比如苹果、梨、蓝莓、杏仁、南瓜和倭瓜。

Disorder，简称CCD）] 的特点是大多数成年工蜂突然离开蜂巢，留下女王蜂、年幼的工蜂，以及被遗弃的幼虫和蛹的孵化室。蜂群衰竭失调的原因仍在调查中，嫌疑犯名单中包括螨虫、细菌、真菌、病毒和长期接触的物质，比如杀虫剂，特别是烟碱类杀虫剂（一种化学物质，模拟了烟草中发现的有神经毒性的化合物），以及营养不良[1]。甚至还有人认为手机是病原体（虽然有点牵强）。

根据国际农业大学生协会（International Association of Agriculture Students，简称IAAS）发表的一份初步研究[2]，德国科布伦茨—兰道大学（University of Koblenz/Landau）的研究人员在八个蜂房中的四个附近放置了手机。他们开始观测蜜蜂的筑巢行为（通过比较蜂巢内部之前和之后的照片）以及蜜蜂在被抓获后做了标记并被带到

---

[1] 营养不良假说认为，蜜蜂被迫对大型单一作物的农场授粉，导致其饮食结构单一，就像只给狗喂面包，这样对其身体有害，最终将导致其饿死。有一点需要注意，天气情况（如干旱）也会对花粉植物产生负面影响，导致蜜蜂需要的花粉缺乏营养。

[2] Wolfgang Harst, Jochen Kuhn and Hermann Stever, "Can Electromagnetic Exposure Cause a Change in Behavior?" *Acta Systemica – IIAS International Journal* 6, no. 1 (2005): 1-6.

800米开外再被释放回蜂巢的动向。研究者报道，在实验中，"很明显，（蜂巢的）重量和面积都被没有暴露在手机下的蜜蜂拓展得很好"，统计分析"从未显示暴露与非暴露群体之间存在差异"。但奇怪的是，在他们的"结论"部分，作者提出只有一半的蜜蜂返回过。他们的报告称，在一个被暴露的群体中，25只蜜蜂中只有6只在45分钟内回到蜂巢；而在第二个暴露的群体，没有蜜蜂回来。这些零星的发现引发了另外几篇文章的发表（例如《科学家声称来自手机的辐射应对蜜蜂神秘的"蜂群衰竭"负责》《手机瘟疫毁灭了蜜蜂群落》《蜜蜂找不到家了》），他们都声称告知读者的是引人注目的新科学进展。最具代表性的是《韦科论坛先驱报》（*Waco Tribune Herald*）的一篇社论（2007年4月16日），作者说："越来越多的理论倾向于手机导致蜜蜂变得迷失方向，找不到回家的路了。"

最初的研究者明显感到不怎么开心了。据首席作者沃尔夫冈·哈斯特（Wolfgang Harst）博士所说："这种新的'复制—粘贴'新闻业演变成了我们的个案研究。"从关于这项研究本身"错误的事实"到声称"手机是'蜂群衰竭'的罪魁祸首"，哈斯特猛烈抨击"那些对我们研究进行的错误描述"。哈斯特博士告诉我，后续研究将发表在《环境系统研究》（*Environmental Systems Research*）上，"虽然研究结果不如2005年'令人震惊''激动人心'，但我们发现受到充分辐射和没有暴露在辐射中的蜜蜂之间的差异很有意义"。

还有许多研究人员声称，造成蜂群衰竭失调的原因并非手机辐射，而是由一种生物将病毒（或者是由它激活的病毒）传染给了蜜蜂，这种生物就是我们前面提到的瓦螨——吸食蜜蜂血淋巴的寄生虫。[1]

---

① B. V. Ball and M. F. Allen, "The Prevalence of Pathogens in the Honeybee (*Apis mellifera*) colonies Infected with the Parasitic Mite *Varroa jacobsoni*," *Annals of Applied Biology* 113 (1988): 337-344.

两个紧密相关的病毒已经牵连了进来：克什米尔蜜蜂病毒（Kashmir bee virus）和以色列急性蜜蜂麻痹病毒（Israeli acute paralysis virus）[1]。这些病毒一直被视为蜂群内部常见的传染病（目前已知的蜜蜂病毒约有18种)[2]，直到压力或另一个问题（比如瓦螨）使它们变得具有传染性和致命性。

"他们多年来一直有选择性地培育不同的蜜蜂品种——带有脾气温和、蜂蜜产量大、抗螨等特征。"生物学家和养蜂人金·格兰特（Kim Grant）说，"当然他们可能还培育一些计划外的东西，比如对一些蜜蜂病毒或缺乏抵抗力的免疫系统产生的敏感性。"

目前，科学家们正在试图找到方法来防止CCD的传播，很大程度上针对的是瓦螨，包括新杀螨药的开发和将抗瓦螨蜜蜂引入欧洲和美国的蜂群。显然，由于一个全球梦魇——世界上的蜜蜂可能会消失——的存在，养蜂人和农民对CCD问题非常关心。

科学家、《纽约时报》（New York Times）畅销书作家查尔斯·佩莱格里诺（Charles Pellegrino）博士是个博学的人，他的小说《尘埃》（Dust）阐述了一个启示录般的观点：如果地球上的昆虫都灭绝了，世界将会怎样？而且他对蜜蜂灭绝事件的影响不抱乐观态度。

"所以，你认为是什么导致了这个呢？"2007年的春天，当我们坐在华盛顿广场公园里我最喜欢的一条长椅上时，我这样问他。

"我对疾控中心的人转述了与我交谈过的人们的想法，问题似乎出在蜜蜂的免疫系统变弱上，被螨虫感染更像是继发症状。"

---

① 研究人员已经确定了，几乎所有与CCD有关的蜂巢中都存在这两种病毒，但被控制的蜂巢中没有。

② J. R. de Miranda, M. Drebot, S. Tyler, M. Shen, C. E. Cameron, D. B. Stoltz, et al., "Complete Nucleotide Sequence of Kashmir Bee Virus and Comparison with Acute Bee Paralysis Virus," *Journal of General Virology* 85 (2004): 2263-2270.

"是什么危害了它们的免疫系统，手机吗？"

佩莱格里诺博士顿了一下，皱起了眉头："你在和我开玩笑，是不是？"

我耸耸肩。

"嗯，这仍是个难题。"他继续说道，"如果这是个病毒剂——就像他们说的——甚至类似于'蜜蜂艾滋病'，那我倒不会很担心。病毒通常很快适应宿主，就像一个倒霉的寄生虫通常最终死于宿主体内。病毒问题可以很快自我修正。"

"你的意思是进化成一个非致命菌株？"

"正确。但如果是真菌削弱了它们的免疫系统……这问题就大了。"

"怎么说？"

"真菌适应慢于病毒或细菌适应，加上真菌几乎抵抗所有种类的抗菌药物，并能杀死蜜蜂以及它们的寄生虫。"

我想是时候扔出重磅炸弹了："如果所有的蜜蜂都因此灭绝了，会发生什么？"

佩莱格里诺博士轻笑了一下，但笑里没有诙谐："用不着彻底灭绝。如果蜜蜂死亡率达到80%~90%，我估计在世界范围内，地球对人类的承载能力就会减少，基本上一夜之间能从最多的12亿锐减到约6亿，我们现在的人口是6.7亿。"

"所以你认为结果会是……"

"饥荒泛滥、经济崩溃，在这个行星上，神风特攻队精神已经把宗教极端分子转变成了带着钚爪的老虎。"

"如果作物缺乏蜜蜂授粉，为什么会产生如此巨大的影响？"

"这只是一部分，比尔。我们会减少收获风媒传粉的作物，如小麦和玉米。但同样重要的是，某些物种是关键物种，基本上算是大自然的联结点，一旦它们突然灭绝，或数量大大减少，那么整个系统都会受到影响。蜜蜂就是这些关键点之一。它们要是完蛋了，几乎灭绝了，我们的文明可能就会在五年内消失。没有蜜蜂，罗马倾城。"

我们静静地坐了一分钟，看着下象棋的人聚集在公园西南入口附近的桌子旁。

"我们被将军了。"我喃喃低语。

佩莱格里诺又冲我不怎么幽默地笑了笑[1]："你说得没错。"[2]

大约三分之一的螨属于前气门亚目，通常被称为秋收螨（harvest mite）或擦洗螨（scrub mite）。它们成年后大都相对无害（主要以植物为食）[3]；一些甚至是有益处的，可以帮助植物分解为土壤腐殖质，这是一个对植物生长至关重要的组成部分。问题是，介于2500～3000 种前气门亚目螨（大多数属于恙螨科）都有俗称为恙

---

[1] "Bat Die-off Prompts Investigation; DEC Asks for Cavers' Help to Prevent Spread of 'White Nose Syndrome,'" New York State Department of Environmental Conservation, http:// www. dec.ny.gov/press/41621.heml, January 30, 2008.

[2] 与CCD遇到的情况诡异地相似的是，白鼻综合征已经杀死了成千上万只在纽约和佛蒙特州北部冬眠的蝙蝠。死去的蝙蝠最明显的症状是鼻子被白色真菌破坏。有专家怀疑，真菌可能是次要问题，是别的东西杀死了蝙蝠。在纽约州环境保护部（Department of Environmental Conservation）的一份新闻稿中，蝙蝠专家艾伦·希克斯（Alan Hicks）说："目前为止我们看到的是前所未有的现象。大多数蝙蝠研究者会同意这是他们所见过的对蝙蝠最严重的威胁。各国的蝙蝠研究人员、实验室、洞穴探险团体正在努力了解问题的原因以及控制的方法。在我们知道更多之前，我们要求人们远离已知的蝙蝠洞穴。"环保部的声明接着说道："冬眠中的蝙蝠种群特别脆弱，大量聚集在洞穴中。有的洞穴每300平方英尺就聚集了一大群，这使它们容易受到干扰或得病。"此外，大多数在纽约冬眠的蝙蝠能栖息的洞穴和矿洞只有5个。"在我们有良好调查数据的两个地点，我们失去了90%以上的动物。"希克斯告诉我。"问题正扩展到新地区，现在牵扯进来的需要冬眠处窝藏的动物超过20万只。"蝙蝠生物学家约翰·赫曼森也密切关注着事态，"我们在一个洞穴中找到8只蝙蝠，这里曾经有数千只蝙蝠。"

[3] Evans, *Principles of Acarology*, 187-188.

螨的寄生幼虫龄期。

就它们引发的不幸而言，只有少数恙螨将人类作为它们的主要宿主。在这方面，大多数恙螨与人类的邂逅纯属意外，通常结果为两败俱伤。而大部分恙螨寄生于非人类的宿主身上，包括许多无脊椎动物（如节肢动物）以及脊椎动物的各大主要群体。

恙螨，像它们的表亲蜱虫一样，分布在世界范围内。也就是说，在中央公园里，咬你一口的是蜱虫；而在特立尼达的图纳普纳，咬你的就是恙螨。虽然美国有无数种恙螨（都属于恙螨属），但最常遇到的是阿氏真恙螨（*Trombicula alfreddugesi*）；在英格兰，是秋恙螨（*trombicula automnalis*）之类。

尽管恙螨和蜱虫展现出一些相似之处，但它们之间的差别足够鲜明，使二者不易混淆。

除了食性外，恙螨和蜱虫的一个主要区别是大小。人类肉眼几乎无法看到恙螨，除非它们聚集在一起（大部分长约0.4毫米，也就是约一百分之一英寸）；而蜱虫则是它的好几百倍大。

由于无法像会跳远的跳蚤一样跳到猎物上[1]，恙螨和蜱虫或者积极寻找宿主，或者埋伏起来等待与宿主擦肩的时刻。

接下来发生的就是准备咬。咬这个行为和摄取食物的有效机

---

[1] 跳蚤是吸血昆虫，属于蚤目（约2100种）。和恙螨一样，跳蚤通常喜欢以老鼠为吸血对象，但在亚洲和太平洋地区却向军队传播致病性细菌，跳蚤还协同老鼠在14世纪的欧洲传播了黑死病。随着贸易路线的开辟，人类把黑鼠（*Rattus rattus*）也打包传播到了世界各地。老鼠的数量暴增，它们所携带的跳蚤开始经常性地遇到（咬）人类。瘟疫的冲击如同波浪般有规律地在中世纪的欧洲传播，在内河的主要港口蔓延，毁灭整个城市，屠杀全部居民。由于没有治愈方法，黑死病夺走了无数生命（死亡人数估计高达7500万）。根据一个假说，文明被拯救了似乎是源于黑鼠最终被另一个物种——棕鼠（*Rattus norvegicus*）取代，这种鼠所携带的跳蚤不怎么叮咬人类。参见Andrew B. Appleby, "The Disappearance of the Plague: A Continuing Puzzle," *Economic History Review* 33, no. 2 (2004):161-173。

制，是恙螨和蜱虫在另一个方面的显著差别。

攻击人类时，恙螨快速移动到皮肤特别薄的部位，比如脚踝、腋窝或膝窝。虽然都使用类似的感官刺激（光线、触感和化学性）来跟踪它们的猎物，但与蜱虫不同的是，恙螨是"飞毛腿"。一旦碰到人身体上受紧身服装约束的部位（如袜子、皮带或内裤和胸罩上的松紧带），恙螨便不再漫游，而是爬到这些衣物之下，通常选择这些领域发动攻势。

对恙螨的误解之一是，它们像蜱虫一样在宿主的皮肤上挖洞并把自己嵌进去，这关系到两种寄生虫最大的不同。恙螨一旦找到一块合适的皮肤（通常是一个表皮毛孔或毛干的底部），它们就用一双被称为螯角的短尖牙刺破皮肤。随着这些牙来回切割，它们的肌肉收缩，并往伤口处注入唾液。这种唾液含有强烈的消化酶，在被咬部位及其周围产生两种截然不同的反应。在几个小时内，被注射部位周围的表皮外层立即对腐蚀性唾液产生反应，硬化成吸管一样的结构，被称为茎口（histiosiphon）。茎口很快扩展到真皮层，真皮层（在某种程度上）由角蛋白形成，角蛋白是宿主的表皮细胞释放出的防水物质。随着恙螨的唾液沿着茎口的中央管流入，内里强大的酶来到了表皮的深处，最终蔓延到真皮。在这里，酶液化了周围的结缔组织和附近的细胞。这种细胞汤是恙螨的首选餐点，虽然说血细胞可能很意外地成为食谱的一部分，但它们并不是真正的吸血鬼。接着，恙螨摄食表演中最粗鲁的部分就开始了：液化的真皮汤通过茎口被吸入寄生虫肌肉发达的咽部。

由于恙螨要连续摄食三到四天，所以人类通常能在它们结束进食之前就将其抓获。一旦流离失所，恙螨将不能再次尝试进食，随即没有任何转机地走向死亡。

再回到叮咬这个主题。宿主的免疫系统对其茎口和外来的化学

　　　　　　　　黑色盛宴

物质会有反应，结果是产生一些严重炎症和长时间瘙痒，进而可能导致继发感染。

　　除了关于对恙螨如何摄食的误解，另一个虚构的事情是通过使用透明指甲油来刺激皮肤使自己摆脱害虫（至少减轻它们造成的瘙痒）。然而事情的真相是，恙螨很可能都已经被抓掉了，也没有见到指甲油的疗效。相反，我们建议对叮咬部位做彻底清洁。此后，抗组胺药和局部麻醉剂可以帮助缓解瘙痒，但即便如此，疤痕和抓挠的冲动有时会持续十天或更长时间，基本上会持续到茎口被分解并被身体吸收以后。

　　尽管大多数恙螨无法在人类身上吃个饱，但一些恙螨幸运地找到了非人类宿主，并最终吃饱落地（一般在三天之内），钻到地底。在那里，它们将经过两个幼虫阶段，最终换毛，成为八只腿的成螨。

　　蜱虫的种群规模比螨小得多（甚至比恙螨还小），它们分成两

个科：硬蜱科（Ixodoidea，或硬蜱虫）和软蜱科（Argasoidea，或软蜱虫）。蜱虫专性吸血，摄食习性比螨更专业。蜱虫只吸脊椎动物的血液，它们寄生于哺乳动物、鸟类、爬行动物和两栖动物身上——这意味着它们纠缠除了鱼类之外脊椎动物的每个主要种群。蜱虫对人类是一个巨大的问题，尽管对于单一的蜱科来说我们并不是第一宿主。

硬蜱虫（ixodids，导致人类大不幸的罪魁祸首）身长1.7~6.1毫米，软蜱虫长得更大（3.6~12.7毫米）。[1]令人惊讶的是，当吸饱血液时，这两种蜱虫的身长都可达到20~30毫米。

在美国和其他地方，蜱虫的控制多专门针对硬蜱虫，这是因为它对传播给人类宿主的11种不同疾病负有直接责任（在传播给我们各种各样疾病方面，蜱虫仅次于蚊子）。在美国，大约有80种硬蜱虫，其中12种对人类有害，这12种中又有3种最为严重。

黑腿蜱或"鹿蜱虫"（*Ixodes scapularis*）向人类传播3种疾病，包括莱姆病；另外两种不是经常能观察到的疾病：巴贝西虫病（一种类似疟疾、攻击红细胞的感染）和人粒细胞埃立克体病（一种细菌感染，类似于边虫病——牛"蜱热"）。莱姆病细菌，即伯氏疏螺旋体（*Borrelia burgdorferi*），其原储体是白足鼠（*Peromyscus*），显然这不是因感染而患病。蜱虫通过吸取鼠的血液，开始携带伯氏疏螺旋体，又把细菌传播给其他动物，如鹿、狗和人类，莱姆病就这样发生了。

美国狗蜱虫[变异革蜱（*Dermacentor variabilis*），有时称为木蜱虫]是落基山斑疹热的主要载体，是由立氏立克次氏体细菌引起的一种潜在致命疾病。它以首次诊断该疾病的地方命名，病症特点

---

① Evans, *Principles of Acarology*, 390.

为手掌和脚底部位发生皮疹。落基山斑疹热始于类似流感的症状，并随着血管受到攻击而加重，最后使主要器官系统受到影响。

最后，孤星蜱虫（*Amblyomma americanum*，又叫美洲钝眼蜱）因其雌性身体背面独特的、呈星形的银色标记而命名（雄性身体后缘有白色花纹）。"孤星"是一个大问题，因为它传播"类莱姆病的疾病"。对那些研究蜱虫的人来说这是意料之中的，因为它们传播的细菌（即孤星伯氏疏螺旋体，*Borrelia lonestari*）与伯氏疏螺旋体密切相关，而螺旋体最终导致了莱姆病。对孤星蜱虫的研究最近取得了新进展，主要是因为它正在席卷美国的东北部。事实上，在很多地方（比如长岛），孤星蜱虫迅速取代了黑腿蜱虫，成为人类最常遇到的物种。作为比黑腿蜱虫更积极的捕食者，"孤星"积极跟踪其潜在宿主，而不只是守株待兔。

根据昆虫学家塔姆森·叶所说，孤星蜱虫给综合害虫控制专家和公众提出了更多难题。

"过去，我们通过剪矮灌木丛和建造覆盖物或在树林和草坪之间的区域增加缓冲区，借此在公园和游乐场内设置无蜱虫区。但自从孤星蜱虫活跃起来，这些缓冲带已完全不是障碍了。"

拜访叶博士在里弗黑德的办公室时，我还了解到，黑腿蜱虫基本算是森林居民，而孤星蜱虫喜欢炎热、干燥的大面积露天场所。

"就当地湿度模式的变化而言，明摆着，这种特殊蜱虫在美国东北部越来越普遍了。"

我移入座位："湿度模式变化？你指的是全球变暖？"考虑到外界媒体轰炸性地使用这个口号，我感到似有不妥，于是用了一个完整的句子来表达。

叶博士犹豫了一下，说："是的，全球变暖是一个考量，但实际比这更复杂。当把一片林地砍伐成平地，废弃一堆旧房子、草坪和混凝土，气候就将越来越热，越来越干燥。人类正在改变植被模式，我们创造的城市环境正在使孤星蜱虫茁壮成长。这意味着，更多的人将与蜱虫有更多的接触。"

蜱虫在狩猎技术上表现出了显著的变化，科学家们将这些差异作为一个便捷的方法来对它们进行分类。软蜱虫（argasids或argasoids）主要是"栖息地蜱虫"，在巢穴、地洞、洞穴或其他处所遇到宿主。这些栖息地不仅为鸟类、蝙蝠和啮齿类动物提供了安全的地方躲避天敌、哺育后代和栖息，而且还为数以百计的寄生虫物种（包括软蜱虫）提供了稳定的微环境。

另外，硬蜱虫通常被认为是"野外蜱虫"，因为它们在野外攻击宿主。这也是我们对蜱虫耳熟能详的原因，自从它们传播的病原体导致莱姆病和落基山斑疹热，这些也就不足为奇了。

当动物们坐卧在寄生虫滋生的地方，就经常会携带蜱虫和恙螨。寄生虫通过视觉、化学和触觉（感知）等因素的结合，接近并来到宿主身上。此外，当潜在猎物从草坪或树叶间穿过，用钳子般的肢体紧紧依附在植物上的恙螨和蜱虫就会将自己转移到潜在猎物身上，行动模式如下。

一只动物穿过高高的草丛或灌木，当它踩踏土地、拨开植被时，就会对周围环境产生物理扰动。蜱虫和恙螨正是利用了这一过程中产生的振动，它们都表现出强烈的向上攀爬的意愿。结果是，它们花费了大量的狩猎时间栖在草叶、树枝和其他靠近地面的尖端处。它们也聚集在杂草和其他低洼植物的叶外边缘处。当这些物理扰动产生基底振动（如因附近动物运动所产生），恙螨和蜱虫采取的反应是抬高并挥舞两条前腿。寄生虫的腿上分布着"维可牢"[1]一样的钉、钩和毛，在潜在宿主经过时，这种"试探"的反应增加了自己接触宿主的机会。一旦最初的接触发生，蜱虫会动用全部8条腿（恙螨用6条），使自己搭上毫无防备的午餐马车[2]。

叶博士指出与试探有关的行为差异，对于那些想要避免遇到这些寄生虫的人来说，似乎会招致更多的麻烦。

"在这里，黑腿蜱虫一般在清晨觅食，这时对它们来说不太炎热和也不太干燥。因为孤星蜱虫更喜欢热，所以它们在下午觅食。遗憾的是，这是最容易邂近人类的时段。"

就速度而言，蜱虫远比恙螨移动得慢，它们慢慢地移动，慢慢地咬，咬完后慢慢地落下来。此外，与恙螨不同的是，蜱虫通常会疯狂地冲向你的袜子或裤腰，一旦搭上顺风车，它们就会在宿主的身体表面（通常是几个小时）利用热量和化学诱因去寻找一个合适的地方下口。

有一些蜱虫，比如那些以人类为目标的，并没有特定要咬谁或咬哪儿，而另一些则要求得非常具体。例如，埃氏扇头蜱（*Rhipicephalus evertsi*）的幼虫在牛科动物身上摄食[3]，它们喜欢宿主的耳朵；而它们的成虫却对牛的肛门周围表现出强烈的偏爱。

还有一种特别耐寒的蜱虫——白纹革蜱（*Dermacentor albipictus*）栖息在北半球。在加拿大西部等地区的冬季，它使大型有蹄类动物（如麋鹿）患上白纹革蜱虫病。这些"有蹄巨人"感染寄生虫相当严

---

[1] 一种尼龙搭扣的牌子。
[2] 蜱虫和恙螨的研究人员确实通过在一根棒状的把手上附加一块粗糙的织物（如羊毛或法兰绒）来收集标本。他们带着这些"旗""拖把"或"拖布"越过高草丛或低洼植被的顶端，试图抓住在试探狩猎的寄生虫。
[3] Evans, *Principles of Acarology*, 179.

重（有时每只身上多达近2000只寄生虫），它们花费大量时间打理自己，不停地四处摩擦，结果导致脱毛（在某些情况下面积高达80%），受害麋鹿的外表呈现灰色或白色，而不再是正常的深棕色，因此产生了"幽灵麋鹿"。这些动物往往因失血和曝光而憔悴瘦弱，由于它们的摄食行为被严重干扰，因此也表现出体内脂肪储量的损失。

蜱虫叮咬后的行为也与恙螨有显著不同。蜱虫向后倾斜身体（介于45°和60°之间），使用更大型号的螯角（螨虫和恙螨身上也有）在宿主的皮肤上剪出一条血路，将自己的身体嵌入。蜱虫也利用杆状结构的"下口缘"附着于吸血的部位。与恙螨的饲管（茎口）不同的是，蜱虫的下口缘实际上是身体的一部分，用于从宿主处吸血。口下板弯向后方的钩状突出部分，可防止蜱虫掉落。此外，许多蜱虫的唾液腺会产生一种物质，使自己紧附在宿主身上，直到吸血完成。蜱虫的幼虫、若虫（通常易与恙螨混淆）口器较

　　　　　　　　　　黑色盛宴

小，无法像成虫一样叮咬得那么深（成虫可以穿透皮肤表皮和真皮并到达真皮的底层）。

深深嵌入宿主皮肤以后，蜱虫通过一个仿昆虫的气管系统呼吸，即用位于腹部的，仍然留在宿主皮肤外的开放气门（也称为呼吸孔）呼吸[①]。

叶博士解释说，在美国东北部，从黑腿蜱虫到孤星蜱虫的过渡，有一些意想不到的积极意义。

"首先，被孤星蜱虫咬伤后会更痛。"她说。

"这真是一大亮点。"我一边评论，一边口是心非地胡乱做着笔记。

"这使得它们更容易被察觉。"叶博士不动声色地继续解释，表现出面对普通公众的耐心。

"没错。"我虽然这样说着，却在脑中试图找找"蜱虫咬得比较疼"这件事还能有什么积极意义，似乎寥寥无几。

"补充一点，斯塔利（STARI）比莱姆病轻，尽管我们对此也所知不多。"

"斯塔利？"我努力不让自己看起来像一个在调查蜱虫传播疾病的蝙蝠生物学家。

"与南方蜱相关的皮疹疾病（Southern Tick Associated Rash Illness，简称STARI）。这是由孤星疏螺旋体引起的，是孤星蜱虫传播的细菌。与莱姆病有类似的症状，疲劳、类似流感，以及皮疹。"

"它为什么症状较轻？"

---

① 与昆虫的呼吸系统不同，蜱虫只有两个气门孔。此外，许多蜱虫有被称为胸甲的类鳃结构，可以从水中吸取氧气，这就解释了为什么蜱虫可以潜入水中生存很长一段时间。个中原理仍在研究中，目前看似乎是氧气扩散到胸甲，然后进入前面的管状气管系统，借此在周身循环。

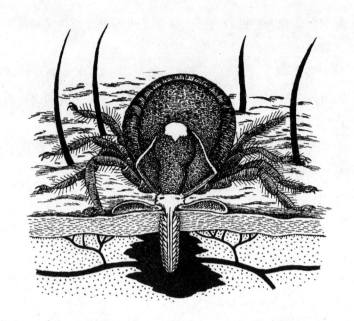

"它不呈慢性，不像莱姆病那样对关节、神经系统和心脏造成长期影响。"

"有没有什么测试可以区分莱姆病和斯塔利呢？"

昆虫学家摇了摇头："我们还没有解决莱姆病，现在我们还要处理斯塔利。"

"为什么莱姆关节炎的症状有所不同呢？"我问。

"许多研究人员认为，如果治疗不及时，即使是流感这样的普通疾病也可能让病情严重恶化。"①

"很难诊断吗？"

---

① 大约15%感染莱姆病的患者被报告长期存在神经问题，如记忆丧失、认知功能下降、面神经麻痹（特点是暂时性面瘫），甚至脑膜炎，有时覆盖脊椎和大脑外表面的保护组织（脑膜）的感染将危及生命。脑膜炎会使人脖子僵硬、畏光、产生剧烈的头痛，还有更糟的。是不是莱姆病造成了这些长期影响，实际上是当前最激烈辩论的问题。

"是的，"叶博士继续说，"莱姆病的血液检测，众所周知，不可信赖，而且这个病很会模仿其他疾病，比如关节炎和多发性硬化症。显然导致莱姆病的细菌有一种潜在的形态，隐藏在某处，比如滑液里，而宿主的免疫系统找不到它。"[①]

就在我采访叶博士的时候，一场辩论正在舆论界及其他地方如火如荼地进行——内科医生、传染病研究人员、民间博客，以及各种"妈妈反蜱虫"之类的团体——所有这一切都指向慢性莱姆病的存在（或不存在）。叶博士相信，越来越多的医生和传染病研究人员会发现，没有证据表明莱姆病对长期的健康有影响。基于最近的研究，这些专业人士表示，在经过强烈抗生素治疗的莱姆病患者的脊髓液、血液和尿液中没有发现伯氏疏螺旋体的踪迹，但几个月后患者仍在抱怨挥之不去的症状[②]。同样，石溪大学（Stony Brook University）的劳伦·克虏伯（Lauren Krupp）博士和她的同事发现，对患者实施的长期抗生素治疗并不比安慰剂产生的效果更好[③]。

那些反对慢性莱姆病的概念提供了几种解释，为什么之前治疗这种疾病的患者在几个月，甚至几年后仍表现出严重的健康问题。"感染后综合征"假说提出，伯氏疏螺旋体触发了一些莱姆病患者在神经上的，以及此前被某种急性抗生素消灭过的其他长期问题。

---

① 关节的关节囊里包含滑液，如膝盖、臀部和肘部等处。这种滑溜溜的物质与蛋清相似，浸润着骨头连接处的软骨点。它有作为润滑剂的功能，还为关节周围的组织提供营养。显然，一些研究人员（如叶博士）认为，滑液为伯氏疏螺旋体提供了一个避风港，允许它逃避人体的免疫系统（以及服用的抗生素）并产生慢性症状，有的症状与莱姆病相关。

② 最引人注目的是波士顿大学医学院马克·克兰普纳（Mark Klempner）博士领导的一项涉及多个中心的研究。

③ L. B. Krupp, L. G. Hyman, R. Grimson, P. K. Coyle, P. Melville, S. Ahnn, et al., "Study and Treatment of Post Lyme Disease (STOP-LD): A Randomized Double Masked Clinical Trial," *Neurology* 60 (2003): 1923-1930.

一些研究人员认为，还有一种可能，慢性莱姆病患者在莱姆病测试中呈阴性反应，或者曾被误断为可能永远不会得莱姆病。[①]这些患者就这样被误诊了。

关于慢性莱姆病的争论仍然非常激烈，对立的双方都掌握大量信息。

我询问叶博士以求弄清她本人的立场："那么你认为有不同种类的病原体？"

"这是有充分迹象的。"她说，"测试莱姆病毒是件很困难的事，有太多假阴性了。"

后来我才知道，以前莱姆病的接种疫苗，以及其他有机体，如梅毒或牙齿的口腔病害，都可能通过触发抗体反应导致假阳性。

突然，莱姆病疫苗的撤退引起了我的注意。"莱姆病疫苗怎么没了？"我问道[②]。

"停产的原因之一，"叶博士回答道，"是疫苗的设计针对的是伯氏疏螺旋体内特有的外表面蛋白，但是这些蛋白质的变化产生不同的菌株。其结果是，疫苗从未像本来预期的那样完全有效，而只有40%的效果。除此之外，它毕竟是一个小众市场，整个美国也许只需要一万个单位的剂量。早在几年前对各种疫苗已有大大的争议，我们应该给人们使用吗？疫苗是安全的吗？"[③]

"它不像其他疫苗那样能赚大钱。"我插话道。叶博士点了

---

① A. C. Steere, E. Taylor, G. L. McHugh and E. L. Logigian, "The Overdiagnosis of Lyme Disease," *Journal of the American Medical Association* 269, no. 14(1993): 1812-1816.

② Lymerix，莱姆病的"突破性"疫苗，由葛兰素史克（Glaxo Smithline）制药公司研发，在1998~2002年正流行时突然撤出了市场。

③ 根据相关消息，最近有一项诉讼声称，莱姆病疫苗的制造商疏于提醒医生和公众，大约30%具有潜在免疫性关节炎的人会被疫苗中包含的高浓度的具有特效的细菌表面蛋白引发病症，且无法治愈。

　　黑色盛宴

点头。

就在我的采访即将接近尾声时，叶博士的一席话使我脊背一阵发凉。"是的，怎么说呢，金钱可能会使事情发展得很快，比如要是禽流感演变成一种人与人之间可以传播的病毒的话……"

我意识到已经无话可说了。

虽然娇小，却一肚子坏水。

——保罗·勒宽特

第九章

牙签鱼：名副其实地把韵押在了P上[1]

几年前，我参与了长岛大学的一个教学课程，带着20名大学生在巴西亚马孙河上乘江轮进行科学考察。我们在玛瑙斯（Manaus）待了三天。此前我们已经在一个简陋的被称为"41千米"[2]的研究站里摸爬滚打了一周，所以一到玛瑙斯，我们就迫不及待准备接受文明的洗礼。这个城市又炎热又拥挤，但是食物（还有啤酒）非常棒，露天市场也相当吸引人——这是亚马孙河所有未雪藏的荣耀中所彰显出来的馈赠。到达玛瑙斯第三天的下午，我们离开酒店，拖着装备和行李来到港口。这儿泊着各式各样的船只，排出几英里那么长，这场景令我联想到一个异常忙碌的蚁丘。货物被卸载下来（全部徒手），然后就被蜂拥而至的人群带走（一切看着都那么欣欣向荣）。各种形状、大小的水果、蔬菜和鱼通过陡峭的楼梯流入这座城市的市场。最终，我们找到了我们将要视其为家两个星期的那

---

① 与牙签鱼有关的词多与字母p有关，如penis（阴茎）、pee（撒尿）和piss（小便）。——译者注

② 我的学生们坚持认为，"41千米"得名于此地离最近的抽水马桶的距离。

条船。闪闪发光的白色船体与混浊的河水形成强烈的反差——"维多利亚亚马孙王莲号"（*Victoria Amazonica*，下文简称"王莲号"）是一条80英尺（约24米）长的江轮，有14间二等舱（每间都有淋浴和交流电）。这意味着我们将告别艰苦。

我们的船长莫阿西尔·福特斯（Moacir Fortes，下文简称莫）是亚马孙著名的向导。他精力过剩，像黄貂鱼的倒刺一样犀利，却又风趣得很。登船后，我们存放好装备，准备将一个位于中心位置的大房间作为餐厅、会所和休息区。这之后不久，莫船长便到达并召集整队。他从宣读他那著名的"亚马孙河七风险"列表开始。

"这河里有成千上万的生物可供我们欣赏，但欣赏我们的只有七种。"

莫船长就这样极为幽默地历数了这些著名的当地居民：食人鱼、黄貂鱼、电鳗、蟒蛇和黑凯门鳄（美国短吻鳄的南美表亲）。还有一种被称为Piraíba的巨大鲇鱼，能囫囵吞下一个人。

最后莫船长开始描述一种我以前没听说过的生物。当我注意到房间里的笑声已经停止时，他正兴致勃勃地高谈阔论到兴头上。整个房间都安静了。

几秒钟后，沉默被一个年轻的北美女人那分辨率极高的惊声尖叫打破："它游进了你的什么？"

我突然手足无措地凑近我的朋友，制片人鲍勃·阿达莫（Bob Adamo）。

鲍勃带着一副痛苦的表情。他前倾在他的椅子上，好像得了肠穿孔。

"只有我该死地听到了那个吗？"我小声嘀咕着。

"他说我讨厌鱼在我的'电报局'里游。"空气中传来鲍勃别扭的回答。

我确实听见莫说了这个。

2006年，当我开始计划再探亚马孙河时，我已经学到了不少关于牙签鱼（candiru或carnero）的知识。五年前，就是因为提及这种生物，才造成了"王莲号"上的那次骚动。我也知道"电报局"是莫船长的独特指代方式，指的是人类的生殖器或消化道的终端开口。说到牙签鱼，它有一种传奇的嗜好，就是游入人类的尿道并寄宿其中。

江湖上从来不乏与牙签鱼有关的恐怖故事，许多消息来源声称，牙签鱼比它那高调的河中伴侣——水虎鱼——更令当地人畏惧①。根据这些作者所说，椰子壳、由干燥的棕榈叶或树皮做成的阴部包裹物，以及柳条篮子（既可防身又可去市场买菜，一举两得）都可以穿戴着来保护外部生殖器，避免被牙签鱼攻击②③。与早期的牙签鱼防御技术相比，这些简单的设备也是很先进的。19世纪早期，探险家卡尔·弗里德里希·冯·玛蒂乌斯（Carl Friedrich von Martius）和约翰·巴普蒂斯特·冯·斯皮克斯第一次描述了针对牙签鱼的防御技术。

　　这些鱼特别容易被尿液的气味所吸引。出于这个原因，那

---

① 对于那位"王莲号"上被一只黑色水虎鱼咬掉了大半个大拇指的船员来说，他可能会有略微不同的观点。

② Stephen Spotte, *Candiru: Life and Legend of the Bloodsucking Catfish* (Berkley, California, Creative Arts Book Company, 2001), 157-166.

③ 在最近的一次采访中，牙签鱼专家斯蒂芬·斯波蒂博士表示极端怀疑，这种装束与预防牙签鱼攻击根本毫无关系，倒是能够避免蜱虫那类害虫以及带刺的尖锐物体。

些居住在亚马孙河沿岸的人，在进入充满这种害人精的湾流处时，会用绳子将包皮扎紧，抑制小便。[1]

　　幸运的是，与研究牙签鱼的吸血同行水蛭相比，研究这类鱼族吸血鬼，有一份可信度高且相当全面的参考资料。[2]在《牙签鱼：吸血鲇鱼的生平和传奇》(*Candiru: Life and Legend of the Bloodsucking Catfishes*) 一书中，斯蒂芬·斯波蒂博士探索了这些讨厌的生物的奇异世界。值得庆幸的是，整本书逻辑清晰、文风幽默、一点也不教条，而且富含科学知识[3]。

　　牙签鱼属于毛鼻鲇科（Trichomycteridae），这一科包含约200种"小得不能再小、身形苗条的淡水鲇鱼"[4]。大多数毛鼻鲇科成员都是其貌不扬的食虫动物，属于一个大得多的群体——鲇形目（Order Siluriformes），这一目含35科，约3000种。[5]鲇形目被难以置信地归入辐鳍鱼纲（Actinopterygii），除了鲨、鳐以外，大多数鱼都属于这个大类。

　　毛鼻鲇科中有一个小亚科——寄生鲇亚科（Vandelliinae）[6]，目前包含6个属的专性吸血动物，它们都栖息于南美亚马孙河和奥里诺科河。这些寄生鲇通常被称为牙签鱼（斯波蒂认为candiru应写

---

① Spotte, *Candiru*, 157. From a translation in Carl H. Eigenmann, "The Pygidiidae, a family of South American catfishes," in *Memoirs of the Carnegie Museum* (Pittsburg, Penn.: Carnegie Museum, 1918), 259-298.

② Spotte, *Candiru: Life and Legend of the Bloodsucking Catfish.*

③ 斯波蒂博士是海洋科学家和高产作家，从现代动物园到美人鱼都是他已发表作品的主题。"我只是一个生物学家。"他如是告诉我。

④ Warren Burgess, *An Atlas of Freshwater and Marine Catfishes* (Neptune City, N. J.: TFH Publications, 1993), 305-325.

⑤ Spotte, *Candiru: Life and Legend of the Bloodsucking Catfish*, 5.

⑥ Ibid.

成candy-roo）。斯波蒂博士说："虽然1846年官方就已经公布了对牙签鱼的研究，但有多少个种类的牙签鱼存在始终没有明确的答案。"[1]一些研究人员认为可能得有15种［其中一半属于寄生鲇属（*Vandellia*）］，斯波蒂则认为应该少得多。"许多物种的命名仅仅基于一个标本，这无法衡量物种内部的变异，也不能确定与其他假定物种是否有重叠。"[2]

外形上，牙签鱼远没有一条发育良好的水虎鱼那样的一副凶相。它们的外表看起来像鳗鱼，背、肛门、腹鳍都位于半透明的身体后部靠近尾巴处。它们的小眼睛位于背腹部扁平头骨上端。牙签鱼有微小的感觉器官（并不像许多鲇鱼身上可见的突出的须状结构），它们并不凶猛，但位于背部和胸部危险的刺常常扎伤无数垂钓者。

虽然大多数人会认为这是件好事，毕竟在野外看到牙签鱼的概率很低。当然，除非你经常在亚马孙河及其支流，将牛肺绑在一根绳子上钓鱼［这一技术在肯尼斯·文顿（Kenneth Vinton）和斯特里克勒（W. H. Strickler）1941年发表的一篇论文中有详细的描述[3]］。这些小鱼通常隐藏在沙子、泥土或落叶下，还会在浅滩的水中快速游动。这种神秘的生活方式（我们在其他吸血动物身上也观察到了）似乎是研究这些项目——如牙签鱼的生殖生物学——的原因之一，对其行为的许多其他方面我们目前仍只是初探或还不曾涉足。

---

[1] Spotte, *Candiru: Life and Legend of the Bloodsucking Catfish*, 50-51.

[2] 这就好比外星人捕获了一个骑师和一个篮球运动员，然后把他们归为不同的种属，只是因为他们外表看起来有差异而已。不妨猜测一下，如果他们有更大的样本量（比如整个城镇），他们应该就会意识到自己看到的是一个同一物种了。

[3] Kenneth W. Vinton and W. H. Strickler, "The carnero: a fish parasite of man and possibly other mammals," *Journal of Surgery* N.S. 54 (1941): 511-519.

尽管香肠寄生鲇（*Vendellia wiener*）这名字更酷，但卷须寄生鲇（*Vendellia cirrhossa*）却可能是最著名的一种牙签鱼了。牙签鱼（一般身长1~6英寸，2.5～15.2厘米）总是瞄准较大的鱼，扭动着进入宿主的鳃盖下吸血（鳃盖的平盘状结构可以保护鳃部）。鳃盖随着鱼的呼吸开闭，这些小吸血鬼一旦进入，就会用一排小小的倒刺把自己固定在精致的鳃小片（排列得像一本书的书页）上。这些皮肤上的牙齿或齿状突起（有时称为小齿）的有些部分也发现于牙签鱼的头部（包括它们自己保护鳃的鳃盖和间鳃盖骨）。一旦固定，牙签鱼就利用两个或更多成排的针状牙齿咬穿血管，这里血管的作用是在鱼羽毛般的鳃片和身体之间进行气体交换[①]。牙签鱼嘴部的肌肉和咽能将血液泵入消化道[②]。

　　牙签鱼吸血的时间在30秒到近3分钟不等，血液在其肿胀透明的身体内部几乎清晰可见。它们有时会成群结队地吸血，这会导致宿主大量失血并破坏宿主的鳃。它们的牙齿会将鳃小片切割成碎片，齿状突起甚至会将鳃小片磨掉。

---

① 在某种程度上，这种气体交换机制类似于陆栖脊椎动物呼吸器道与位于肺部的小肺泡之间存在的气体交换机制。氧气（鳃周围水中的含氧量比羽毛状鳃丝中的含氧量高）从水中扩散进入这些表面积大、壁超薄的结构中，并通过鳃丝内的微小血管进入血液（氧气几乎以相同的方式从肺泡传递到周围的毛细血管）。这些血管将含氧血液从鳃部带到鱼身体的各个组织。鱼和其他脊椎动物（两栖动物、爬行动物、鸟类和哺乳动物）在循环系统上的一个主要区别在于，鱼类的含氧血液在被注入体内之前不返回心脏。鱼的心脏结构相当简单，只有一个心房和一个心室，而不是三室结构（大部分两栖动物和爬行动物）或四室结构（鳄鱼、鸟类和哺乳动物）。参见Jansen Zuanon and Ivan Sazima, "Vampire Catfishes Seek the Aorta not the Jugular: Candirus of the Genus *Vandellia* (Trichomycteridae) Feed on Major Gill Arteries of Host Fishes," *Journal of Ichthyology & Aquatic Biology* 8, 1 (2003): 31-36。

② 研究人员詹森·苏亚农（Jansen Zuanon）和伊万·萨齐马（Ivan Sazima）日前声称，牙签鱼是被动吸血（即宿主的血压将血液泵入牙签鱼的消化系统），此论点还有待观察，斯波蒂亦表示对此相当存疑。"通过观察，牙签鱼运用某种机能吸血的速度似乎比吸血快得多。至于被动摄入，没有这样的泵送活动。事实上，没有运动是必需的。这个过程就像用水龙头往瓶里注满水。"

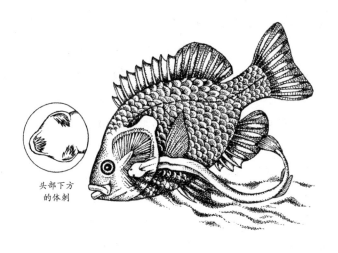

头部下方
的体刺

　　牙签鱼曾游进人类的尿道吗？显然发生过。尽管此类事件是极
其罕见的，这好像还值得庆幸一些。仔细回顾斯波蒂的作品，会发
现许多趣闻逸事，但由斯波蒂、保罗·彼得里（Paulo Petry）和阿
诺尔·萨马德（Anoar Samad）三位博士在2001年召开的"美国社
会爬虫类和鱼类研究者大会"上所做的关于被牙签鱼攻击的报告，
是第一起经证实的案例。[①]萨马德是一位泌尿科医生，曾治疗过一个
在亚马孙河游泳期间脱掉泳裤小便的年轻人。

　　1997年10月28日，萨马德参加了一名23岁患者的会诊。患
者因被牙签鱼攻击导致下体极度肿胀、出血。提取内窥镜后发
现，其体内牙签鱼长134毫米，头宽11.5毫米。在内窥镜引起
直接明显阴囊水肿前，我们向其尿道灌注了无菌蒸馏水。牙签

①　Paulo Petry, Anoar Samad and Stephen Spotte, "Candiru Attack on Human in the Amazon
　　River: Hard Evidence for a Long Standing Myth," (paper presented at the American Society of
　　Herpetologists and Ichthyologists, July 6, 2001).

鱼的突入被分离阴茎和尿道球的括约肌所阻塞。随后，这条鱼咬穿了组织进入尿道海绵体，开放口使得灌流液流入了阴囊。凝结物被移开，露出尿道球根部直径1厘米的伤口，连带少量的局部出血。由于保存条件不良，试样没能得到最终确认，它可能是一种寄生鲇属或锤形鲇属（*Plectrochilus*）。

据《尼亚加拉瀑布通讯》（*Niagara Falls Reporter*）普利策奖得主约翰·汉克特（John Hanchette）2002年11月26日的报道，那位代号FBC①的当事人在住院五天后就出院了，据说并没留下后遗症。然而有趣的是，故事发生了转折，引爆的争议席卷了牙签鱼爱好者群体。FBC现在声称在袭击发生时他并没有潜入水中。当时，他只是站在及膝高的水中，牙签鱼从河中跃起，掠过尿流，射入阴茎中。败于这场被视为激烈又短暂的战斗后，他惊恐地看着14厘米长的牙签鱼消失在自己那饱受创伤的"香肠"中。

这真的会发生吗？卡尔加里大学（University of Calgary）生物力学专家约翰·伯特伦（John E. A. Bertram）博士并不这么认为。

"如果逆着尿流向上游，鱼的游动速度必须快于尿流的速度。此外，为了逆流而上，牙签鱼必须腾出水流以对抗重力。尽管小鱼可以通过阻力相对较低的空气跳出一个令人惊讶的距离，但尿流完全是另一码事。"

"为什么？"我提出疑问。

"因为阴茎尖端就像一个非常厉害的喷嘴，"他说，"要想生成某种特定形式的流，很大程度上取决于高流速，这可以使我们避免

---

① 这位名为西尔维奥·巴尔博萨（Silvio Barbossa）的患者最近在"动物星球"节目讲述寄生虫的一期中身份曝光了。

将小便尿在脚上。在任何情况下，牙签鱼即使有能力逆流而上，但它若保持完全身处尿液中，就太困难了。"

"怎么回事？"我问。

"因为狭窄的尿流与相对低密度的空气之间存在边界。如果牙签鱼溜进这个边界，空气低的阻流会影响它，会把它推离高阻力的尿流。"

我对斯波蒂提起此事，他表示非常同意伯特伦的观点。"我只是不明白这是怎么行得通的，"他说，"牙签鱼会发力游动，尾巴的横向扫动幅度会变得比尿流更宽。所以除了身体不稳定外，也不能生成所需的推力。"

"这么说这些都是巴西那家伙编造的？"

"我不这么认为，"斯波蒂说，"我的意思是，他甚至不知道牙签鱼是什么，所以很难相信他编了这个故事。我仍然认为他是在水里撒尿，然后一切才有可能。"

"怎么说？"

"如果你曾经在水族馆看过这东西吸血你就知道了，它们挤进鱼鳃下面，这是一种迅速而暴力的行为，就发生在一瞬间，你几乎看不见。这条鱼的动作很可能太快以至于那家伙几乎没有时间做出反应。这一部分我是相信的。"

"你认为一条牙签鱼在人类尿道内能生存多久？"我问。

"可以在相当严峻的环境下存活很长时间。"斯波蒂回答说。我注意到，他的声音中带着点不祥的音调。

"我想知道具体是多长时间？"我怯生生地问道，"几分钟？"

"差不多两三个小时，"他说，"虽然当时那条牙签鱼从受害者体内取出的时候肯定已经死亡了。"

我几乎不敢问下一个问题了。"那是在什么时候？"

"那家伙入院三天后，他们给他做了手术。除了阴茎疼痛，我根本无法想象三天不能小便是什么样子。萨马德说，他的腹部肿得像一个足球。这伙计真牛。"

那么，为什么一条牙签鱼要放弃正常的"鳃下吸血"生活方式转而拜访"电报局"呢？在斯波蒂的书中，他回顾了一些现有的假设。

"钟爱尿道假说"[①]称，牙签鱼试图将自身嵌入哺乳动物身上的最终目的地是膀胱。

"尿液吸引牙签鱼，这个想法是有疑问的，"他告诉我，"首先，尿液并没列入它们的主要食谱中。"事实上，众所周知，没有脊椎动物单纯或主要靠吸食尿液为生。

然后是氧气，确切地说的是缺氧。氧气对地球上的任何脊椎动物必不可少，但存满尿液的膀胱不可能会有氧气。此外，尿液远比亚马孙的淡水要咸，温度也明显要高。总之，我了解得越多，就越觉得这听起来更像一场自杀式（或意外的）旅行。

有趣的是，这些明显的缺点并没有阻止那个时代顶尖的鱼类专家卡尔·艾根曼（Carl Eigenmann），他提出："进一步研究表明，牙签鱼的某些种类可能已变异成为寄生在大型鱼类和水生哺乳动物膀胱处的生物。"[②]

斯波蒂表示这也不能令人信服。"我和彼得里做了一些实验，在相关领域的类似实验中，我们根本就没有得到任何这样的反馈。"[③]

---

① Spotte, *Candiru: Life and Legend of the Bloodsucking Catfish*, 142-149.

② Eigenmann, "The Pygidiidae, a Family of South American Catfishes," 266-267.

③ 在不同的实验中，他们新增了尿液、血液、氨的溶剂，把这些溶剂放入盛有牙签鱼的容器里。在每种情况下，他们发现牙签鱼的行为都没有明显变化。事实上，只有当它被放入水中后，才活跃了起来。

另一种假说认为，牙签鱼意外地嵌入人类尿道是归因于一种名为"向流性"的行为，即生物体对流的应激性。这种想法说白了就是牙签鱼将人类尿液的流动错当成自然水的流动（如大型宿主鱼类鳃部产生的水流）。在这个被称为"误入的假设"[1]中，牙签鱼误入尿道后，向后弯曲牙状突起，防止回转。被困的鱼将继续前进，直到死于缺氧。

还有一种假说认为，牙签鱼通过尾迹的化学痕迹来追踪更大的鱼类猎物。如果通常存在于人类尿液中的化学物质（可能是氨、蛋白质白蛋白和肌氨酸酐这种肌肉生理学的分解产物）足以刺激牙签鱼的狩猎行为，这也许可以用来解释为什么这种生物喜欢人类的尿道。汗水也是一种引诱剂，尽管这并不能解释为什么牙签鱼将矛头对准了FBC的阴茎口。

"尿液中肯定有点什么吸引它，"斯波蒂告诉我，"可能就是尿流本身。"

我决定尝试提出自己的假设："有没有可能，牙签鱼只是在应对水中的扰动，至少在最初时是这样。它们认为自己是在对一条大鲇鱼做出反应，然而当靠得太近时，一切太迟了。"

"我和彼得里半夜在急流中钓了很多这种鱼，你在水中甚至都站不起来。我们又绑了一条鲇鱼在那，30分钟内牙签鱼发现了它。这回它们没有侦测行为，因为这条鲇鱼根本游不动。"

"那你认为牙签鱼在侦测什么？"我问道。

"没人知道真相，但最佳的推测是，它探侦的内容很复杂。尝或嗅鲇鱼的味道，它们拥有这些被完整定义了的感觉器官，专门用于应对低能见度的环境。也许，它们感觉到了鱼类的保护黏液中含

---

[1] Spotte, *Candiru: Life and Legend of the Bloodsucking Catfish*, 154-156.

有某些物质，这些物质被持续蜕弃，就像我们掉头发一样。牙签鱼头部周围也有一系列的毛孔，所以它们很有可能在检测诸如肌肉收缩产生的电磁场。不管怎样，这是一个有趣的问题，它只能说明，这是种神奇的生物。"

"那么有没有攻击非人类的哺乳动物的行为呢？"我问道，并补充了我的一些认知，我认为没有任何此类的官方报道，这很不寻常。

"一个也没有，"斯波蒂答道，"我们还没有任何证据。但你是对的。为什么它们不攻击海豚、海牛和水獭，这些动物肯定也排泄到水里，而且它们身上有些孔非常大。"

他继续说道："就人类遭遇牙签鱼而言，我不能单纯认为这只是个意外，但要说起它是如何到达那里的，还是一个谜。"

我问了斯波蒂博士最后一个问题："你觉得，如果有人潜入牙签鱼栖息的水域，并决定在那里小便，然后被它们袭击，会是怎么样的感觉？"

斯波蒂博士毫不犹豫地回答："差不多就像被雷击中的同时又被鲨鱼吃掉那样吧。"

对年轻的查尔斯·达尔文来说，加拉帕戈斯群岛上各种各样的雀让人非常惊讶之处在于，它们尽可能使自己的行为和这个大洲上其他特化的鸟类一样。他还是愿意相信，如果这一切被证明是有意义的，那么他在环游世界时发现了万能的上帝创造的所有生物。但是他的大脑不得不怀疑，为什么造物主这次在加拉帕戈斯群岛，把一只小陆禽都能做的工作分派给一只不那么合适的雀呢？如果造物主认为这些岛屿上应该有啄木鸟一类的鸟，那么是什么阻止了造物主创造一只真正的啄木鸟？如果造物主认为吸血鬼是个好角色，他为什么不把这份工作给吸血蝙蝠却给了雀？造出一只吸血雀？①

——库尔特·冯内古特

---

① Kurt Vonnegut, *Galápagos,* (New York: Delacorte Press, 1985).

第十章

谋生路艰辛

　　毫不夸张地说，除了吸血蝙蝠、水蛭、臭虫、蜱虫、螨和牙签鱼，还有成千上万的物种以血为食。它们包括从被称为"十二指肠虫"的肠道线虫[①]（会使宿主产生缺铁性贫血）到蚊子（11种吸血双翅类昆虫中的一种），还有猎蝽（可能曾令达尔文感到困扰）和吸血飞蛾 [亚洲属蛾（*Calyptra*），下分7个种]。这些昆虫使用尖锐的口器刺穿动物比如水牛、大象、貘，甚至人类的皮肤。

　　尖嘴地雀（*Geospiza difficilis*），这娇小的"吸血鬼代言人"给著名的库尔特·冯内古特留下了深刻的印象。颇具戏剧性的是，对于这种鸟来说，"吸血雀"不是一个非常准确的名字，有时它们也被称为喙部锋利的地面雀，但它的吸血鬼标签是存疑的，因为与上

[①] 有趣的是，人类感染钩虫的可能性只有感染哮喘和花粉热的一半。原因是某些寄生虫在宿主的免疫系统下降时才能生存。由于主要防御机制的限制，身体不太可能对一种无害的过敏源产生炎症反应或攻击自己的组织。根据相关报道，似乎除了选择更多的抗生素耐药细菌，我们的"99%无菌文化"也导致了免疫系统的超敏反应。最终的结果是导致哮喘的发病率增加，容易过敏，以及一些自身免疫性疾病。

文提到的其他吸血动物相比，尖嘴地雀不是专门的吸血动物[1]。然而，这里提到它干的好事，似乎是对它们偶尔的吸血行为提出严正警告。在这方面，它们偶尔补充正常的食物，如小种子和花蜜，还会啄食鸟蛋，还会啄加拉帕戈斯群岛的另一种居民蓝脚鲣鸟（*Sula nebouxi*）的翅膀、身体和尾巴。[2]尖嘴地雀先用喙啄出一个小伤口，然后开始进食鲣鸟的血；如果这大鸟恼了，它便马上跳开。一只地雀这样啄食几分钟后就让位给其他排队的地雀，它们等待的样子真像熟食店柜台前的顾客。

尖嘴地雀广泛分布于加拉帕戈斯群岛[3]，但奇怪的是，只有两个种群以血液为食。研究人员注意到这些鸟的摄食行为、大小和叫声存在差异，这些差异可能表明一个新的雀类物种正在形成。如果尖嘴地雀变得更善于得到血餐，更多地依赖于每天都能找到一次的食物，那么会发生什么呢，我只要设想一下这些，就会觉得兴趣盎然。如果被达尔文或者沃尔夫发现小岛上的条件有所改变，这些鸟类生存所需的种子和花朵荡然无存，那么会怎么样呢？吸血的雀会仅仅搬到另一个岛上而已吗？也许会吧，但如果真这么做了，它们肯定会陷入与原本栖息在那里的其他雀类的竞争。也许它会消亡或与自己种族中不吸血的成员进行混种杂交。抑或是，尖嘴地雀会积累更多有益的突变（也许是对它的消化系统而言），直到它已完全

---

[1] 蚊子也吸食除了血液之外的其他液体，比如花蜜和果汁。在疟蚊（*Anopheles*，传播疟疾的一个种属）中，只有雌性蚊子有义务寻找血餐。但当我们看到与这些昆虫相关的人类死亡的天文数字，"缺乏正式吸血鬼身份"这一事实就显得苍白无力了。例如，据估计，由蚊子传播的疟疾每12秒就会杀死一个人。

[2] Dolph Schluter and Peter Grant, "Ecological Correlates of Morphological Evolution in a Darwin's Finch, *Geospiza difficilis*," *Evolution* 38, no. 4 (1984): 856-869.

[3] Peter Grant, B. Rosemary Grant and Kenneth Petren, "The Allopatric Phase of Speciation: The Sharp-Beaked Ground Finch (*Geospiza Difficilis*) on the GalÁPagos Islands," *British Journal of the Linnaean Society* 69 (2000): 287-317.

演变成一个真正的吸血雀，即长着羽毛的吸血蝠。

让我们超越假设来看，吸血行为是绝对有意义的。因为它存在，所以对于成千上万的专职吸血鬼应该见怪不怪，何况还有那么多提供血餐的生物。

但是为什么说吸血的生活有意义呢？为了解决这个问题，我将重复提到我最常听到的两个关于吸血鬼的问题，并以此作为开始。这两个问题就是"为什么蜱虫、吸血蝙蝠和臭虫被允许存在？"以及，"如果所有的吸血动物突然不复存在了，那地球会怎样？"

自从1990年开始研究吸血蝙蝠，这些问题我已经听到耳朵都要磨出茧子了，第一个问题是肯定有意义的，第二个问题则说明了大多数人对科学持有的一个基本的态度，即他们不会像科学家那样思考。当然，请别误会。很难不去同情被黑蝇蜂困扰、遭受疟疾或莱姆病，或因臭虫感染而经历抽搐偏执狂的人。对大多数人来说，向往这样一个世界是很自然的，在那里，这些令人讨厌的小生物不再纠缠我们、令我们患病，并以难以置信的效率置我们于死地。

但是吸血生物，无论蝙蝠、水蛭还是臭虫，它们的存在都不会使我们患病甚至杀死我们。它们之所以存在，是因为它们的祖先进化出了某些特征，允许它们接近高度专一，但却是全球性的资源，这个资源就是它们可以利用的食物[1]。而血这种资源，对每一个会游、爬、走、跑、飞的脊椎动物来说一直都是种重要的物质[2]。

借助肌肉泵，血液在由相互连接的血管组成的极其复杂的系统中穿行。吸血生物已经进化出方法来接近这些血管，而重要的是，

---

[1] 最古老的吸血生活方式的证据来自三叠纪（大约2.2亿年前）的"原始蚊子"（protomosquito）化石。因为没有开花植物，所以没有花蜜可吸，这种昆虫细长的喙，功能大概与它的现代同行的喙是一样的吧。

[2] 甚至还流行第二种口味——各种节肢动物体内的血淋巴。

它们能打开这些血管，还可以从中抽血。考虑到进入生物体内并在血管加油站里四处游走的可能性，如果这些吸血生物并没有进化成分类群的不同组别，那还真是不可思议。关键点就在这。无论差异多么大的吸血生物（以水蛭和蝙蝠为例），它们可以成功接近、打开和利用这些管子的方式似乎都非常有限。出于这个原因，吸血生物，即便如蝙蝠和水蛭这样完全不沾边的两个物种，虽然都在分别进化，但是却为了高度特化的生活方式而进化出了类似的适应性——它们表现出的趋同性。

例如，所有吸血动物的体形都相对较小，最大的似乎是常见的吸血蝙蝠——吸血蝠，重量不到1.5盎司（约40克）。它们一直长不大的原因，显然与我的特立尼达导师穆拉达利的口头禅有关——"吸血是一个艰难的谋生方式"。在这方面，一只吸血蝙蝠每天（晚）所需的血液越多，可能弄到的血液就越少。根据相关报道，较大型吸血蝙蝠需要从宿主那里吸取更多量的血液，这样才能增加它们远离死亡的概率，这也是寄生虫的一个非适应性特征。此外，越大型的吸血蝙蝠越容易被它的猎物察觉，因此所有吸血蝙蝠都拥有另一个特点：鬼鬼祟祟。无论是在接近猎物的过程中还是在吸血的过程中，吸血生物们避免被察觉的能力以各色形式表现出来。

趋同性特征的列表还将续写。

所有吸血动物都拥有完美的感官系统。这就使得它们——大到吸血蝙蝠小到臭虫——通常在缺乏光照的条件下，能有效定位潜在的食物。

此外，一旦吸血动物将自己置于攻击距离内，它们就会用数组锋利的切削工具造成相对无痛的咬伤，这些工具包括小齿（水蛭）、螯角（恙螨、螨、蜱虫）、针状的口器（蚊子和其他昆虫）和真正的牙齿（吸血蝙蝠）。这些尖锐的结构使得吸血生物接近宿主的血时不会引起警报，但即便如此，由吸血生物引发的并发症还远没有结束。

所有的吸血鬼都必须克服的一个主要问题是凝血。这个过程实际上包含一个极其复杂的化学反应——级联必须发生在凝块形成之前[①]。生物周身循环着血液，所有这些复杂性止血的主要益处是可以防止血液在不恰当的时间和地点凝结。凝血级联的缺点就在于，它会刺激血液供给者在化学反应过程中的多个点上干扰凝血过程。换句话说，如果在凝血过程中只有一个步骤，在这个步骤里潜在的血液供给者可以阻止凝血过程，那么进化的可能性就会非常小；但如果在一个复杂的化学反应级联中，凝血可以在任何一个点上被中断，那么破坏凝血的物质的进化概率就会高得多。因此，尽管每个吸血鬼都有自己单独进化的抗凝物质，但结果都是一样的，来自猎物的自由流动的血液将延迟形成凝块（有时会很久）直到吸血鬼们饱餐一顿之后。

制造商在这个领域混迹已久，他们当然知道这些天然抗凝血剂通常比人生产的更有效，其中一些已经成为重要的药物。例如，由吸血蝙蝠衍生的物质——细胞内激酶（desmokinase）溶解凝块的性能，被用来对抗中风；而发现于水蛭唾液的抗凝水蛭素，用于髋关节置换手术后防止血栓形成。由吸血蝙蝠衍生的化合物（如麻醉剂）在医学领域存在巨大潜力，我们当然希望见到更多这一领域的新研究成果。

但除了潜在地为我们提供一些有用的药物产品，吸血生物还有其他可取之处吗？

答案当然是肯定的。

---

① 在化学级联中，每一步化学反应的产物都应用于前面的步骤中。

吸血蝙蝠一直是科学发现存在误区的最佳实证，特别是见证了当偏见和误解代替了谨慎的观察和实验时，问题是如何产生的。遗憾的是，一些早期的错误延续了一系列关于蝙蝠的误解（尽管下次有人暗指大多数蝙蝠吸血时，你一准会扑上去）。每年，成千上万的有益蝙蝠死于因人类的恐惧和无知引发的滥杀，尽管吸血蝙蝠的问题确实存在（一般来说，也就只有吸血蝠而已），但那实际上是人类破坏自然环境的结果，再加上我们顽固地主张将本地动物传播到不属于它们的地方。吸血蝠及其近亲白翼吸血蝠和毛腿吸血蝠为它们自身的吸血生活方式展示出了一系列了不起的适应性，就其本身而论，它们堪称蝙蝠族群可怜兮兮的代表。更典型的是，蝙蝠有助于减少有害昆虫的数量，给植物授粉也是其生态系统不可分割的一部分（对人类来说也这样），它们还有助于在被刀耕火种的农业所摧毁的热带地区重新造林。

在另一个非常重要的层面上，吸血生物为各种各样的其他生物提供食物。例如水蛭是许多淡水鱼的首选食物，它促进了鱼饵行业的发展是一个不容忽视的事实（一家公司提供的一张水蛭订单显示，打折后还超过25英镑呢）。渔民使用水蛭垂钓的有玻璃梭鲈（*Sander vitreus*）、小嘴鲈鱼（*Micropterus dolomieu*）和白斑狗鱼（*Esox lucius*），以及像小平底锅一样的蓝鳃太阳鱼（*Lepomis macrochirus*）。蚊子是另一个重要的食物来源，特别是对鸟类和蝙蝠而言[①]。蜱虫和恙螨，甚至臭虫都是一些昆虫比如几个种类的蚂蚁的食物。

---

① 还有一些争议是关于空中食虫动物［如棕色小蝙蝠（莹鼠耳蝠*Myotis lucifugus*）］究竟可以在一个晚上吃多少只蚊子的，估计的范围从几乎为零到每小时600只蚊子（我个人觉得，这一数字多少有点高）。

虽然我不知道与这个问题有关的任何研究，但吸血者很可能在履行另一个生态任务，也就是从猎物或宿主群体里剔除那些老弱病残者。麋鹿能够在严酷的冬季存活下来，并以"幽灵麋鹿"的姿态出现，很可能是因为它随身携带的基因蓝图在恶劣条件下特别兴奋并一心求生（尤其是由于蜱虫在夏季并不吸麋鹿的血）。另一方面，死于冬季蜱虫感染的麋鹿，显然是由于饥饿（花了太多时间来处理被叮咬后的触痛和摩擦止痒）。至少我们可以得出如下假设：死亡的麋鹿可能携带的是"劣质"基因，但它的死亡会留下更多的食物给更健壮的其他个体以及那些没有受到蜱虫侵袭的健康个体。

与其期待吸血生物消失，或是提到它们就浑身难受，我们更应该面对的事实是，吸血生物是存在的，可能还会存在相当长的时间（只要食物供应还存在）。在这方面，有些吸血生物，像蚊子，可能会是致命的敌人，应该引起大家的关注。当然，我不主张大规模使用杀虫剂。其他吸血生物，如常见的吸血蝙蝠、臭虫、蜱虫和恙螨，可能会成为严重的问题，它们中的一些可能会致病甚至致命。然而，我们应该记住，在大多数情况下，这些吸血生物更愿意选择除了人类以外的其他生物，当我们遇到它们，一般来说是我们的错。

有些吸血生物智商高得令人发指，但基本上是无害的（至少对人类如此）。水蛭被确凿地归入这一类，牙签鱼也归了进来（极其罕见的情况除外）。

最后，有一些吸血蝙蝠如果想要避免在接下来的几十年里灭绝的话，肯定会需要我们的帮助。专咬鸟类的吸血蝙蝠——白翼吸血蝠和毛腿吸血蝠立即涌现在脑海中。在我看来，即使你不喜欢这些生物，但作为只拥有五千余个种类的哺乳动物，我们不应该对其中两种的灭绝袖手旁观[①]。还应该强调的是，保护措施不应该局限于供给血液的脊椎动物。比如，研究者马克·西多尔最近表明，某些无脊椎动物，比如被错误分类的水蛭——侧纹医蛭，似乎已蠕动着钻进了我们的野生动物保护法。

爱德华·威尔森说：

> 生物的多样性是无价的，我们要学会利用这些来体会多样性对人类究竟意味着什么。我们不应该故意让某些物种或种属灭绝。为了扩大野生种群并阻止生物财富的流失，让我们不要只是单纯的抢救，而要着手开始恢复自然环境。没有什么比重建一个奇妙的多样性时代这件事本身，更能毫无功利地激励我们去行动。[②]

灭绝的悲剧性在于，在我们知道问题的答案之前生物就消失了；更悲惨的是，有时在我们意识到问题出现之前，生物就已经消失了。

---

① 许多人似乎仍然对蝙蝠有一种天生的恐惧，尽管在过去的25年，（在"国际蝙蝠保护"这类组织的领导下）我们已经走了很长的一段路，但确实仍有改进的余地。例如，大多数与我相谈的成年人完全惊讶于1100种蝙蝠中只有3种吸血。他们似乎更惊讶于听到，在美国根本连一种吸血蝙蝠都没有被发现过，而且退一万步来讲，它们也并没有什么6英尺的膜翅可以笼罩受害者，这些蝙蝠的实际重量都不到2盎司。

② Edward O. Wilson, *The Diversity of Life* (Cambridge, Mass.: Belknap Press, 1992), 351.

参考文献

文章

Clarfield, A. Mark. "Stalin's Death (or 'Death of a Tyrant')," *Annals of Long-Term Care* 13, no. 3 (2005): 52–54.

Ditmars, Raymond L., and Arthur M. Greenhall. "The Vampire Bat— A Presentation of Undescribed Habits and Review of Its History," *Zoologica* 4 (1935): 53–76.

Goodwin, George, and Arthur M. Greenhall. "A Review of the Bats of Trinidad and Tobago," *Bulletin of the American Museum of Natural History* 122 (1961): 187–301.

Gould, Steven J. and Richard Lewontin. "The Spandrels of San Marcos," *Proceedings of the Royal Society of London* B 205 (1979): 581–98.

Huxley, Thomas H. "On the Structure of the Stomach in Desmodus Rufus," *Proceedings of the Zoological Society of London* 35 (1865): 386–90.

Keegan, Hugh L., Myron G. Radke, and David A. Murphy. "Nasal Leech Infestation in Man," *American Journal of Tropical Medicine and Hygiene* 19, no. 6 (1970): 1029–30.

McFarland, William N., and William A. Wimsatt. "Renal Function and Its Relationship to the Ecology of the Vampire Bat, Desmodus Rotundus," *Comparative Biochemical Physiology* 28 (1970): 985–1006.

Mitchell, Clay G., and James R. Tigner. "The Route of Ingested Blood in the Vampire Bat," *Journal of Mammalogy* 51, no. 4 (1970): 814–17.

Myles, Timothy G., "Observations on Mites (Acari) Associated with the Eastern Subterranean Termites, *Reticulitermes flavipes* (Isoptera: Rhinotermitidae)," *Sociobiology* 39, no. 2 (2002): 277–80.

黑色盛宴

Park, A. "The Case of the Disappearing Leech," *British Journal of Plastic Surgery* 46 (1993): 543.

Schutt, William A., Jr., and J. Scott Altenbach. "A Sixth Digit in *Diphylla ecaudata,* the Hairy-Legged Vampire Bat," *Mammalia* 61, no. 2 (1997): 280–85.

Schutt, William A., Jr., John Hermanson, Young-Hui Chang, Dennis Cullinane, J. Scott Altenbach, Farouk Muradali, and John Bertram. "The Dynamics of Flight-Initiating Jumps in the Common Vampire Bat, *Desmodus rotundus,*" *Journal of Experimental Biology* 200, no. 23 (1997): 3003–12.

Schutt, William A., Jr., Farouk Muradali, Naim Mondol, Keith Joseph, and Kim Brockmann. "The Behavior and Maintenance of Captive White-Winged Vampire Bats, *Diaemus youngi* (Phyllostomidae: Desmodontinae)," *Journal of Mammalogy* 80, no. 1 (1999): 71–81.

Schutt, William A., Jr., and Nancy B. Simmons. "Morphology and Homology of the Chiropteran Calcar," *Journal of Mammalian Evolution* 5, no. 1 (1998): 1–32.

Steere, A. C., E. Taylor, G. L. McHugh, and E. L. Logigian, "The Overdiagnosis of Lyme Disease," *Journal of the American Medical Association* 269, no. 14 (1993): 1812–16.

Wilkinson, Gerald S. "Reciprocal Food Sharing in the Vampire Bat," *Nature* 308 (1984): 181.

Wimsatt, William A., and Anthony Geurriere. "Observations on the Feeding Capacities and Excretory Functions of Captive Vampire Bats," *Journal of Mammalogy* 43 (1962): 17–26.

专著

Altenbach, J. Scott. *Locomotor Morphology of the Vampire Bat, Desmodus rotundus.* Special Pub. No. 6, American Society of Mammalogists, 1979.

Brown, David E. *Vampiro—The Vampire Bat in Fact and Fantasy.* Silver City, N. Mex.: High-Lonesome Books, 1994.

Bunson, Matthew. *The Vampire Encyclopedia.* New York: Gramercy, 1993.

de Beer, Gavin. *Embryology and Evolution.* Oxford, England: Clarendon Press, 1930.

Cushing, Emory C. *History of Entomology in World War II*. Pub. No. 4294. Washington, DC: Smithsonian Institution, 1957.

Evans, Gwilym O. *Principles of Acarology*. Wallingford, UK: CAB International, 1992.

Florescu, Radu, and Raymond T. McNally. *Dracula—A Biography of Vlad the Impaler*. New York: Hawthorne Books, 1973.

Gould, Stephen Jay. *Ontogeny and Phylogeny*. Cambridge, Mass.: Belknap Press, 1977.

Gould, Stephen Jay. *Wonderful Life: The Burgess Shale and the Nature of History*. New York: W.W. Norton, 1989.

Greenhall, Arthur M., and Uwe Schmidt, eds. *Natural History of Vampire Bats*. Boca Raton, Fl.: CRC Press, 1988.

Hayes, Bill. *Five Quarts: A Personal and Natural History of Blood*. New York: Random House, 2005.

Kunz, Thomas H., and Paul Racey, eds. *Bat Biology and Conservation*. Washington, D.C.: Smithsonian Institute Press, 1998.

Moore, Wendy. *The Knife Man*. New York: Broadway Books, 2005.

Radzinsky, Edvard. *Stalin*. New York: Doubleday, 1996.

Reiss, Oscar. *Medicine and the American Revolution*. Jefferson, N.C.: McFarland and Co., 1998.

Root-Bernstei, Robert and Michèle. *Honey, Mud, Maggots, and Other Medical Marvels*. New York: Houghton Mifflin, 1997.

Sawyer, Roy T. *Leech Biology and Behavior*, vol. 1: *Anatomy, Physiology, and Behavior*. Oxford, England: Clarendon Press, 1986.

Sawyer, Roy T. *Leech Biology and Behavior*, vol. 2: *Feeding Biology, Ecology, and Systematics*. Oxford, England: Clarendon Press, 1986.

Sawyer, Roy T. *Leech Biology and Behavior*, vol. 3: *Bibliography*. Oxford, England: Clarendon Press, 1986.

Sigerist, Henry E. *A History of Medicine, vol. 1: Primitive and Archaic Medicine*. New York: Oxford University Press, 1951.

Southall, John. *A Treatise of Buggs*. London, 1730.

Spotte, Stephen. *Candiru: Life and Legend of the Bloodsucking Catfish.* Berkeley, Calif.: Creative Arts Book Company, 2001.

Summers, Montague. *The Vampire: His Kith and Kin.* London: Kegan Paul, Trench Trubner and Co., 1928.

Usinger, Robert L. *Monograph of Cimicidae.* College Park, Md.: Entomological Society of America, 1966.

Walker, Kenneth. *The Story of Blood.* New York: Philosophical Library, 1962.

Wilson, Edward O. *The Diversity of Life.* Cambridge, Mass.: Belknap Press, 1992.

Woolley, Tyler A. *Acarology—Mites and Human Welfare.* New York: John Wiley and Sons, 1988.

报刊

Altman, Mara. "Bed Bugs & Beyond." *Village Voice,* December 13–19, 2006.

Chan, Sewell. "Everything You Need to Know About Bedbugs but Were Afraid to Ask." *New York Times,* October 15, 2006.

Singer, Mark. "Night Visitors." *New Yorker,* April 4, 2004.

网络

BBC News. "King George III: Mad or Misunderstood," 2004, http://news.bbc.co.uk/go/pr/fr/-/hi/health/388903.stm.

"The Death of George Washington, 1799." EyeWitness to History, 2001, http://www.eyewitnesstohistory.com.

"George Washington: Eyewitness Account of His Death," 2003, http://www.doctorzebra.com/prez/z_x01death_lear_g.htm.

New York State, Department of State, Division of Licensing Services. "Manufacture, Repairer-Renovator or Rebuilder of New and/or Used Bedding and/or Retailer/Wholesaler of Used Bedding Application," http://www.dos.state.ny.us/lcns/instructions/1427ins.html.

致　谢

此书献给我美丽的妻子珍妮特和儿子比利，你们是我生命中最好的礼物。谢谢你们给予我包容、关爱和坚定不移的支持。

特别感谢我的代理人，专业又睿智的伊莱恩·马克森（Elaine Markson）。在她的代理中心，我得到了助理盖瑞·约翰逊（Gary Johnson）的帮助，感谢他的建议和好意。

在哈莫尼（Harmony），非常荣幸由约翰·格拉斯曼（John A. Glusman）负责编辑我的处女作。

我还要诚挚地感谢与激赏我亲爱的朋友和同事，帕特里夏·温（Patricia J. Wynne）。你用笔墨线条带给我的灵感一直激励着我的写作，你的画作让这本书真正地"图文并茂"了。

我很幸运，在我的教育和专业生涯中遇到了多位导师。最重要的是，我要感谢约翰·赫曼森（John W. Hermanson，康奈尔大学动物学系）在1990年给了我一个机会。作为我的研究生委员会主席、导师以及朋友，约翰不仅教会了我如何像科学家那样思考，而且教会我明白自己的价值。在康奈尔大学，我在天才的约翰·伯特伦（John E. A. Bertram）和狄德拉·麦克林（Deedra McClearn）所带团队的指导下，受到了詹姆斯·"卡姆托·吉姆"·瑞安（James "Camuto Jim" Ryan，霍巴特和威廉姆·史密斯学院）的盛大欢迎。

地球上我最喜欢的地方就是美国自然历史博物馆。在那里，蝙蝠生物学家、非凡的卡尔·库普曼（Karl F. Koopman）曾经并将继续给我灵感，我以结识他为荣。阿瑟·格林豪尔（Arthur M. Greenhall）肯定了我最初的预感——"我们以为的吸血蝙蝠不是真正的吸血蝙蝠"，在做这件有趣的小事时，这个纽约佬使我走上了职业道路并最终促使这本书成形。南希·西蒙斯（Nancy B. Simmons）是我坚定的支持者、极好的合作者和可信赖的朋友，能认识"女王南希"真是棒极了。在美国自然历史博物馆，还有我的"老弟"达林·伦德（Darrin Lunde）和我花了无数时间沉浸于探讨（科学和其他）问题，我的朋友奥利、大尼克以及欧罗拉还常常作陪。达林积极鼓励我写这本书并矫正了一些低级错误。我期待我们在马上启动的自然界食人族研究方面继续合作。在美国自然历史博物馆，哺乳动物学的同事和朋友们一直给予我热情的帮助：帕特里夏·布鲁诺尔（Patricia Brunaur，秘书处"女神"）、尼尔·邓肯（Neil Duncan）、罗斯·麦卡菲（Ross MacPhee）、露丝·欧利里（Ruth O' Leary，很给我的笑话捧场）、罗博·沃斯（Rob Voss）和艾琳·韦斯特维格（Eileen Westwig）。特别鸣谢马克·西多尔（Mark Siddall）和路易斯·索金（Louis Sorkin，无脊椎动物部）牺牲自己的时间为我提供关于水蛭和臭虫的信息；谢谢斯科特·谢弗（Scott Schaefer，鱼类学部）在牙签鱼方面的协助。还要感谢玛丽·德容（Mary DeJong，图书馆）年复一年给予的热心帮助，以及玛丽·奈特（Mary Knight）在吸血鬼伯爵德古拉的书籍方面提供的协助。

在特立尼达，无与伦比的法鲁克·穆拉达利在我蝙蝠研究的各个方面都不可或缺。法鲁克真的是蝙蝠生物学领域的无名英雄，出于各种原因，他一直"罩"着我，对此我永远心存感激。作为林园分部抗狂犬病部门的负责人，法鲁克和他的团队，尤其是阿莫斯·约翰逊（Amos Johnson）、凯斯·约瑟夫（Keith Joseph）、纳伊姆·蒙多尔（Naim Mondol）、帕泰普·西奈斯（Partap Seenath）以及帕特里克·华莱士（Patrick Wallace）帮助我们捕捉蝙蝠（虽然有那么一两次他们居然把蝙蝠装在两升装的可乐瓶子里带给我们）。他们不仅是在时间上难以置信地慷慨，而且还将他们的商业机密与我们分享，这一切令我和珍妮特始终在这神奇的国度有宾至如归的感觉。还特别感谢纳德拉·吉安女士（Nadra Gian，农业部林园分部野生动物处负责人）和科克·阿尔先生（Kirk Amour，特立尼达抗狂犬病部门现任领导），感谢他们的宽容和协助。在PAX宾馆（图纳普纳），我的朋友杰拉德·拉姆萨瓦克（Gerard Ramsawak）和他的妻子奥达（还有女儿多米尼克）一直使我感受到家一般的温暖。

我的老相识，查尔斯·佩莱格里诺（Charles Pellegrino），"知悉我没有失节"。希望有朝一日我也能投桃报李。

我的好友莱斯利·内斯比特（Leslie Nesbitt）花费了很多时间在图书馆帮我查询纽约市的其他相关研究资料。她还花费数周时间为我网站（darkbanquet.com）上的血液食谱搜集素材。

在南安普敦学院夏季作者研讨会上，我得到我的文字指导、天才与智慧并存的巴拉蒂·慕克吉（Bharati Mukherjee）的很多帮助。特别感谢每年成功举办盛会的负责人罗伯特·里夫斯（Robert Reeves），感谢他的鼓励、建议和友好，特别是教会我许多撰稿的技巧。同样感谢克拉克·布莱兹（Clark Blaise）、布鲁斯·杰伊·弗里德曼（Bruce Jay Friedman）、弗兰克·麦卡特（Frank McCourt），以及我的同学们，尤其是惊才绝艳的海伦·斯潘塞（Helen Spencer）。

在康奈尔农业推广系统，我要感谢乔迪·冈洛夫—考夫曼提供的关于臭虫的信息，还将我介绍给塔姆森·叶——在螨虫、恙螨和蜱虫的章节上给我提供了莫大的帮助。我还要感谢她在这些材料的初稿上给予的编辑方面的建议。

在长岛大学波斯特分校，以下几位给予了我无私的帮助，马特·德拉德（Matt Draud，生物学），凯瑟琳·希尔—米勒（Katherine Hill-Miller，艺术与科学系主任）——感谢她的好意和不可思议的帮助。也要感谢我的同行，特别是保罗·福雷斯泰尔（Paul Forestell）、阿特·戈德伯格（Art Goldberg）、泰瑞·雅各布（Terry Jacob）、杰夫·凯恩（Jeff Kane）和霍华德·赖斯曼（Howard Reisman），以及我的学生亚当·赫希（Adam Hirsch）、尼基·法伊弗（Nikki Pfeiffer）和卡莉·列什（Carlee Resh）。

要是没有下面这两位令人难以忘怀的先生的无私帮助，水蛭和臭虫的章节简直无法写成——鲁迪·罗森伯格（Rudy Rosenberg，水蛭·美国）和安迪·利纳雷斯（Andy Linares，"臭虫走开"·纽约城）。

玛丽亚·阿莫尔（Maria Armour），我的学生、助教、研究生、实验室助理、同事以及密友，我对你所有辛勤的付出和对我工作的不离不弃致以最诚挚的感激。

最后，我要感谢以下诸位：丹尼尔·亚伯拉姆（Daniel Abram，特兰西瓦尼亚牧场）、鲍勃·阿达莫（Bob Adamo）、理齐·亚当斯（Ricky Adams）、J·斯科特·阿尔滕巴赫（J. Scott Altenbach）、苏珊·伯纳德（Susan Barnard，"蝙蝠入门"）、约翰·博德纳（John Bodnar）、马克·布瑞汉姆（Mark Brigham）、张阳辉（Young-Hiu Chang）、丹尼斯·库里纳尼（Dennis Cullinane）、罗斯·狄曼格（Rose DiMango）、安吉罗和阿米莉亚·迪多纳特（Angelo and

Amelia DiDonato)、罗斯·迪多纳特（Rose DiDonato）、贝奇·杜芒特（Betsy Dumont，马萨诸塞大学艾默斯特校区）、霍华德·伊万斯（Howard Evans，康奈尔大学）、布洛克·芬顿（Brock Fenton）、莫·弗特斯（Mo Fortes，电报处）、金和克瑞斯·格兰特（Kim and Chris Grant，gorgeswebsites.com网站）、玛格丽特（Margaret）和汤姆·格里菲斯（Tom Griffiths，北美蝙蝠研究协会）、罗伊·豪斯特（Roy Horst，北美蝙蝠研究协会）、罗斯·伊塔里亚诺（Rose Italiano），汤姆·昆兹（Tom Kunz，波士顿大学）、"恶魔"·梁姐妹（玛丽和咪咪）以及她们神奇的妈妈、凯瑞·麦克南（Carrie McKenna）、达文·芒塔特（Dawn Montalto）、斯图尔特·帕森斯（Stuart Parsons，《到黑暗中去》），派克尼克土地信托（www.peconiclandtrust.org）、哈罗德（Harold）和佛罗伦斯·派德森（Florence Pedersen）、斯科特·派德森（Scott Pedersen）、佩莱格里诺伊斯（The Pellegrinoids，艾希莉、凯尔和凯利）、保罗·佩特里（Paulo Petry）、约翰·皮尔斯（John Pierce）、卡蕾·瑞斯（Karen Reiss）、丹·利斯金（Dan Riskin）、杰瑞·若托罗（Jerry Ruotolo）、波比·舒特（Bobby Schutt）、查克（Chuck）和艾琳·舒特（Eileen Schutt）、赫伯·舍尔曼（Herb Sherman）、埃德温·斯皮卡（Edwin Spicka，我在纽约州立大学杰纳西奥的导师）、斯蒂文·斯波蒂、麦克和凯罗尔·特雷沙（Mike and Carol Trezza，我的岳父岳母大人）、威尔森·尤耶达（Wilson Uieda）、詹尼·范·比姆（Janny van Beem）；还有沃特尔女士（D. Wachter）——三十年前，她耐心地听我说我想当个作家；以及卡尔·兹默（Carl Zimmer）。

01　《证据：历史上最具争议的法医学案例》[美] 科林·埃文斯 著　毕小青 译

02　《香料传奇：一部由诱惑衍生的历史》[澳] 杰克·特纳 著　周子平 译

03　《查理曼大帝的桌布：一部开胃的宴会史》[英] 尼科拉·弗莱彻 著　李响 译

04　《改变西方世界的 26 个字母》[英] 约翰·曼 著　江正文 译

05　《破解古埃及：一场激烈的智力竞争》[英] 莱斯利·亚京斯 著　黄中宪 译

06　《狗智慧：它们在想什么》[加] 斯坦利·科伦 著　江天帆、马云霏 译

07　《狗故事：人类历史上狗的爪印》[加] 斯坦利·科伦 著　江天帆 译

08　《血液的故事》[美] 比尔·海斯 著　郎可华 译

09　《君主制的历史》[美] 布伦达·拉尔夫·刘易斯 著　荣予、方力维 译

10　《人类基因的历史地图》[美] 史蒂夫·奥尔森 著　霍达文 译

11　《隐疾：名人与人格障碍》[德] 博尔温·班德洛 著　麦湛雄 译

12　《逼近的瘟疫》[美] 劳里·加勒特 著　杨岐鸣、杨宁 译

13　《颜色的故事》[英] 维多利亚·芬利 著　姚芸竹 译

14　《我不是杀人犯》[法] 弗雷德里克·肖索依 著　孟晖 译

15　《说谎：揭穿商业、政治与婚姻中的骗局》[美] 保罗·埃克曼 著　邓伯宸 译　徐国强 校

16　《蛛丝马迹：犯罪现场专家讲述的故事》[美] 康妮·弗莱彻 著　毕小青 译

17　《战争的果实：军事冲突如何加速科技创新》[美] 迈克尔·怀特 著　卢欣渝 译

18　《口述：最早发现北美洲的中国移民》[加] 保罗·夏亚松 著　暴永宁 译

19　《私密的神话：梦之解析》[英] 安东尼·史蒂文斯 著　薛绚 译

20　《生物武器：从国家赞助的研制计划到当代生物恐怖活动》[美] 珍妮·吉耶曼 著　周子平 译

21　《疯狂实验史》[瑞士] 雷托·U·施奈德 著　许阳 译

22　《智商测试：一段闪光的历史，一个失色的点子》[美] 斯蒂芬·默多克 著　卢欣渝 译

23　《第三帝国的艺术博物馆：希特勒与"林茨特别任务"》[德] 哈恩斯—克里斯蒂安·罗尔 著　孙书柱、刘英兰 译

24　《茶：嗜好、开拓与帝国》[英] 罗伊·莫克塞姆 著　毕小青 译

25　《路西法效应：好人是如何变成恶魔的》[美] 菲利普·津巴多 著　孙佩妏、陈雅馨 译

26　《阿司匹林传奇》[英] 迪尔米德·杰弗里斯 著　暴永宁 译

27　《美味欺诈：食品造假与打假的历史》[英] 比·威尔逊 著　周继岚 译

28　《英国人的言行潜规则》[英] 凯特·福克斯 著　姚芸竹 译

29　《战争的文化》[美] 马丁·范克勒韦尔德 著　李阳 译

30　《大背叛：科学中的欺诈》[美] 霍勒斯·弗里兰·贾德森 著　张铁梅、徐国强 译

31 《多重宇宙：一个世界太少了？》[德] 托比阿斯·胡阿特、马克斯·劳讷 著　车云 译

32 《现代医学的偶然发现》[美] 默顿·迈耶斯 著　周子平 译

33 《咖啡机中的间谍：个人隐私的终结》[英] 奥哈拉、沙德博尔特 著　毕小青 译

34 《洞穴奇案》[美] 彼得·萨伯 著　陈福勇、张世泰 译

35 《权力的餐桌：从古希腊宴会到爱丽舍宫》[法] 让—马克·阿尔贝 著　刘可有、刘惠杰 译

36 《致命元素：毒药的历史》[英] 约翰·埃姆斯利 著　毕小青 译

37 《神祇、陵墓与学者：考古学传奇》[德] C. W. 策拉姆 著　张芸、孟薇 译

38 《谋杀手段：用刑侦科学破解致命罪案》[德] 马克·贝内克 著　李响 译

39 《为什么不杀光？种族大屠杀的反思》[法] 丹尼尔·希罗、克拉克·麦考利 著　薛绚 译

40 《伊索尔德的魔汤：春药的文化史》[德] 克劳迪娅·米勒—埃贝林、克里斯蒂安·拉奇 著
　　王泰智、沈惠珠 译

41 《错引耶稣：〈圣经〉传抄、更改的内幕》[美] 巴特·埃尔曼 著　黄恩邻 译

42 《百变小红帽：一则童话中的性、道德及演变》[美] 凯瑟琳·奥兰丝汀 著　杨淑智 译

43 《穆斯林发现欧洲：天下大国的视野转换》[美] 伯纳德·刘易斯 著　李中文 译

44 《烟火撩人：香烟的历史》[法] 迪迪埃·努里松 著　陈睿、李欣 译

45 《菜单中的秘密：爱丽舍宫的飨宴》[日] 西川惠 著　尤可欣 译

46 《气候创造历史》[瑞士] 许靖华 著　甘锡安 译

47 《特权：哈佛与统治阶层的教育》[美] 罗斯·格雷戈里·多塞特 著　珍栎 译

48 《死亡晚餐派对：真实医学探案故事集》[美] 乔纳森·埃德罗 著　江孟蓉 译

49 《重返人类演化现场》[美] 奇普·沃尔特 著　蔡承志 译

50 《破窗效应：失序世界的关键影响力》[美] 乔治·凯林、凯瑟琳·科尔斯 著　陈智文 译

51 《违童之愿：冷战时期美国儿童医学实验秘史》[美] 艾伦·M·霍恩布鲁姆、朱迪斯·L·纽
　　曼、格雷戈里·J·多贝尔 著　丁立松 译

52 《活着有多久：关于死亡的科学和哲学》[加] 理查德·贝利沃、丹尼斯·金格拉斯 著
　　白紫阳 译

53 《疯狂实验史Ⅱ》[瑞士] 雷托·U·施奈德 著　郭鑫、姚敏多 译

54 《猿形毕露：从猩猩看人类的权力、暴力、爱与性》[美] 弗朗斯·德瓦尔 著　陈信宏 译

55 《正常的另一面：美貌、信任与养育的生物学》[美] 乔丹·斯莫勒 著　郑嬿 译

56 《奇妙的尘埃》[美] 汉娜·霍姆斯 著　陈芝仪 译

57 《卡路里与束身衣：跨越两千年的节食史》[英] 路易丝·福克斯克罗夫特 著　王以勤 译

58 《哈希的故事：世界上最具暴利的毒品业内幕》[英] 温斯利·克拉克森 著　珍栎 译

59 《黑色盛宴：嗜血动物的奇异生活》[美] 比尔·舒特 著　帕特里曼·J·温 绘图　赵越 译